정체불명의 입자 중성자

—그 참모습과 발견의 역사—

히라카와 킨시로 지음
한명수 옮김

전파과학사

【지은이】

히라카와 킨시로는 일본 야마구치 출신으로 도쿄대학 명예 교수, 후쿠오카공업대학 교수이다. 규슈대학 이학부 물리학과 졸업 후 동 대학 교양부, 이학부 조교수를 거쳐 공학부 전자공학과 교수를 역임했다(이학박사). 영국 하웰 원자력연구소에서 중성자 산란 실험을 한 것이 중성자 연구의 계기가 되었다. 전공은 자성체(스핀계)의 통계 역학적 연구이다. 저서로는 『중성자 물리의 세계』 등이 있다.

【옮긴이】

한명수는 서울대학교 사범대를 수학했다. 전파과학사 주간, 동아출판사 편집부, 신원기획에서 근무했다. 역서로는 『물리학의 재발견(상, 하)』, 『우주의 종말』, 『인류가 태어난 날 Ⅰ, Ⅱ』, 『중성자 물리의 세계』, 『현대물리학 입문』 등이 있다.

프랑스 그르노블에 있는 세계 최대의 연구용 원자로가 있는 라우에 랑주뱅 (ILL)연구소. 중앙의 원형 돔이 58MW의 원자로이며 지름이 50m나 된다. 오른쪽의 5층 건물이 연구관리동, 먼 쪽으로 뻗어 있는 단층 건물 속에 냉중성자 도관 무리가 들어 있다. 영국, 독일, 프랑스의 공동 관리 체제로 되어 있다.

일본 원자력연구소[도카이(東海村)] 소속의 연구용 원자로 JRR-2의 외관. 돔 지름 25m. 출력 10MW. 일본 최대의 연구용 원자로이다. 내부에는 원자력연구소나 대학이 관리하는 중성자 회절 장치가 모두 7대 있다.

일본 원자력연구소의 JRR-2 안에 설치된 중성자 회절 장치 무리. 중앙의 적색 부분에 단색화용 모노크로미터가 놓여 있고, 앞쪽의 3축형 회절 장치와 일체가 되어 있다.
오른쪽(백색)은 편극중성자 장치[이상 도쿄대학 물성연구소 소속]. 그밖에 좌우에 있는 것은 원자력연구소 소속의 회절 장치이다.

고에너지연구소 부스터 이용 시설에 설치된 펄스중성자원(그림 왼쪽 끝에 있다)을 둘러싸는 회절 장치(스펙트로미터) 무리. 겉보기에는 보통 원자로와 다름없지만 중성자는 순간적으로 1초에 20발의 비율로 복사된다. 대부분이 비행시간법이라는 측정법을 취하고 있다.

중성자의 발견자, 채드윅 경.
제임스 채드윅은 1891년 10월 20일 영국의 체셔에서 태어났다. 1911년 맨체스터대학 졸업 후, 러더퍼드 경의 연구실에서 핵물리학을 연구했다. 1932년 중성자를 발견하고 1935년 노벨상을 받았다.

미국 브룩헤이븐 국립연구소 소유의 연구용 원자로의 내부. 중심부의 9각형 부분이 원자로의 차폐체이며, 거기에 다수의 실험 구멍이 뚫려 있고 그곳에 다수의 중성자 회절 장치가 설치되어 물성 물리 연구가 행해지고 있다. 출력 60 MW. 미국-일본 협력이 체결되어 일본의 연구자도 여기서 연구할 수 있게 되었다. 같은 형의 원자로가 오크리지에도 있다.

ILL연구소의 냉중성자 도관. 먼 쪽 끝에 중성자원이 있어서 앞쪽을 향해서 약 30m 날아온다. 안벽은 가로 3㎝, 세로 20m이고 니켈 도금한 유리로 되어 있다. 중성자는 그 속을 전반사하면서 광섬유에서처럼 통과한다.

머리말

'중성자'가 원자핵을 구성하는 기본적 입자의 하나라는 것은 잘 알려진 사실이다. 그러나 중성자 자체의 성질이나 그것이 물질 속에 들어갔을 때 보여 주는 흥미로운 동작은 극히 일부의 과학자 이외에는 알려져 있지 않은 것이 현실이라고 생각된다. 여기서 설명하려는 것은 책 속에서 자유 공간으로 튕겨 나온 중성자에 대한 이야기이다.

이 중성자도 그 자체의 성질은 아직 잘 모르는 면이 있으며, 현재 그 전문 과학자들이 이 세계에 도전하고 있다. 예전에는 일부 핵물리학자의 흥미의 대상밖에 안 되었던 중성자가 지금은 대단한 기세로 물성물리학이나 생물물리학의 연구에서 없어서는 안 되는 도구가 되었고, 그 눈부신 응용이 다시 공업적 응용으로 눈앞으로 다가오고 있다. 금세기에 중성자가 발견되고 꼭 50살의 생일이 지났다. 태어난 아기도 이제 어른이 되어 훌륭한 능력의 주인공이 되었다. 중성자는 이제는 전문 학자 사이에서만 흥미 있는 존재가 아니다.

필자는 이 책을 고등학교 정도의 지식이 있으면 이해할 수 있을 것이라는 생각에서 쉽게 읽을 수 있도록 썼다. 또한 전혀 분야가 다른 사람이 중성자란 어떤 것이며 어떻게 응용되는가를 간단하게 알고자 할 때 알기 쉬운 개략적 지식을 얻을 수 있도록, 또 직관적으로 이해할 수 있도록 썼다고 생각한다. 그러나 바쁜 연구 중 틈틈이 썼기 때문에 이해하기 어려운 점이나 중복도 있을지 모르니 양해 바란다. 또 다른 항목이 많으므로 관심이 있는 것만 읽어도 된다.

이 책은 필자가 오래전부터 친하게 지내는 오사카대학 기초 공학부의 나카무라 교수의 따뜻한 추천으로 쓰기 시작한 것이다. 어느 다방에서 '초냉중성자' 얘기를 했을 때, 그건 재미있으니 써보면……하고 이야기한 것이 시작이었다고 생각된다. 이어 고단샤의 고미야 씨에게도 열심히 권유를 받았다. 이 책의 내용에 관해서는 도쿄대학 물성연구소의 이토 조교수로부터 유익한 조언을 받았다. 또 권두 그림 및 본문 중 여러 사진은 도호쿠대학 이학부 이시카와 교수, 일본 원자력연구소 이이즈미 실장, 규슈대학 이학부 히다카 씨, 도쿄대학 물성연구소의 다카하시(高橋四郎) 씨의 호의에 의한 것이다.

또 고단샤의 다카하시(高橋忠彦) 씨에게도 크게 도움을 받았다. 이상의 여러분에게 감사를 드린다.

平川 金四郞
히라카와 킨시로

차례

2부 중성자의 응용

1부

중성자의 물리

1장 중성자 발견의 경위

정체불명의 입자

1920년대의 물리학자는 물질이란 것은 궁극적으로는 2개의 소립자, 즉 전자와 양성자만으로 되어 있다고 믿고 있었다.

실제로, 라듐과 같은 방사성 원소가 붕괴할 때 여러 가지 방사선이 나오는데, 그것은 모두 전자 전하의 정수배의 전하를 지니고, 질량은 양성자 질량의 정수배였으므로, 만물은 이 2개의 소립자의 짝 맞춤으로 되어 있다고 생각해도 모순이 없었다. 예를 들면(그림 1) 헬륨 ^{4}He는 현재는 원자번호 2이고 질량수 4의 원소이므로 2개의 양성자와 2개의 중성자가 합체하여 핵을 만들고 그 바깥쪽을 2개의 전자가 돌고 있어서 전기적 중성을 유지하고 있다는 것은 누구나 알고 있다. 그러나 당시에는 그림에서 본 것처럼 4개의 양성자에 2개의 전자가 붙음으로써 +2의 전하를 가진 핵이라고 생각했었다. 그러는 편이 중성자에 쓸데없는 소립자를 덧붙여 설명하는 것보다 훨씬 단순하고 자연스럽게 생각되었기 때문이다. 가급적 간단한 소재로 전체계의 성립을 생각하려는 것은 물리학자로서는 당연한 일이다. 원소의 붕괴로 생긴 이들 입자가, 앞에서처럼 설명하면 아무리 복잡하고 큰 핵이라도 이 두 종류의 소립자로 짝지어졌다고 생각하는 것은 아주 자연스러운 일이다.

그런데 아무래도 이치에 맞지 않는 일이 생겼다. 그것은 핵이 붕괴할 때의 에너지의 출입에 관한 문제이며, 또한 조금 어려운 문제인데 핵이 가진 스핀과 통계—*전자가 핵 속에 있다는

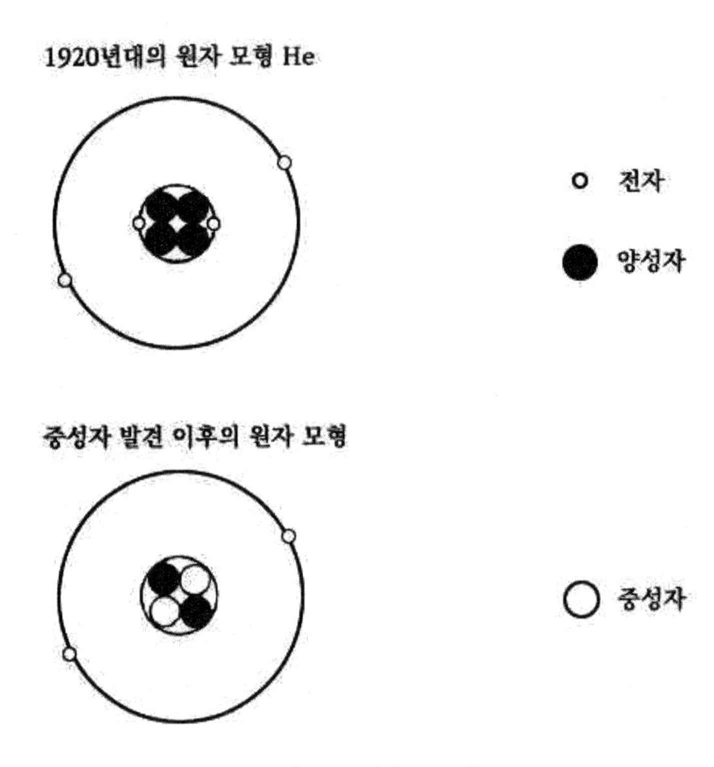

〈그림 1〉 고전적 헬륨 모형

모형에서는 전자가 가진 큰 자기 모멘트를 어떻게 하면 핵이 가진 자기 모멘트와 같이 작게 압축할 수 있는가를 설명할 수 없다. 더욱이 질량수 A와 원자번호 Z의 차가 홀수인 핵(예를 들면 질소핵에서는 A=14, Z=7)에서는 스핀은 반정수(半整數)가 되고 페르미 통계(Fermi 統計)에 따라야 하는데도 실측된 핵은 스핀이 1이고 보즈 통계(Bose 統計)에 따른다는 것이 실험적으로 밝혀졌다—가 아무래도 잘 맞지 않았다. 그 밖에 많은 모순되는 점이 지적되었다. 핵외 전자에 대해서 그토록 성공을 거둔 양자역학이 핵의 세계에서는 탁 막

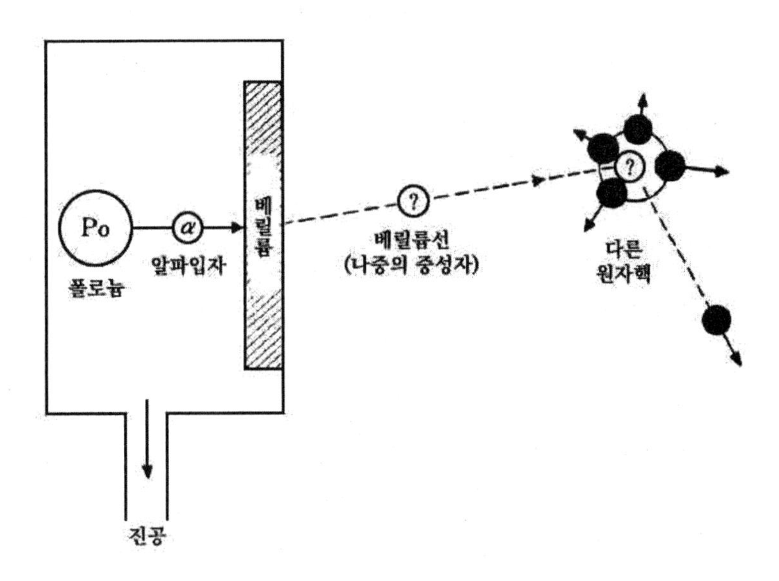

〈그림 2〉 베릴륨에 선을 쬐이면 새로운 방사선이 나온다

혀, 위대한 학자 보어(Niels Bohr, 1885~1962)도

'별수 없다. 에너지 보존 법칙을 버려야겠다!'

고 진지하게 얘기할 형편이었다.

마침 바로 그때, 1930년에 보터(Walter Bothe, 1891~1957)와 베커가 베릴륨이라는 금속에 α선(헬륨의 원자핵)을 쬐이면 새로운 방사선(입자)이 나오는 것을 알아냈다. 이 정체불명의 입자는 두께가 수 센티미터나 되는 놋쇠조차도 쉽게 통과할 만큼의 굉장한 투과력을 가지며, 이것이 다른 원자핵에 부딪히면 폭발적인 붕괴가 일어나는 것을 발견했다. 이 발견은 곧 큰 소동을 불러일으켰다.

처음에는 강한 감마선(파장이 짧은 X선)이 아닌가도 생각되었는데 그 투과력은 도저히 감마선과 비할 수 없었다. 당시 이 방사선은 베릴륨선이라 불리고 그 정체를 알아내려는 연구가 큰 유행이 되었다. 그중에서도 일찍 크게 이바지한 것이 조리오 부부(유명한 퀴리 부인의 큰딸과 그 남편으로 이 부부도 노벨상을 받았다)이다. 그들은 이 베릴륨선을 수소를 많이 함유하는 물질, 예를 들면, 파라핀이나 젤라틴에 쬐이면 거기에서 강한 에너지를 가진 양성자가 나오는 것을 윌슨의 안개상자를 써서 발견했다[안개상자란 기체 속에서 안개를 만들어 하전 입자의 비적(飛跡)을 관측하는 장치이며, 하전 입자를 제트기로 비기면 하늘에 남는 비행기운을 보는 것과 같다].

이를테면 이 새로운 방사선은 눈에 보이지 않는(안개상자를 써도 안 되는) 무엇인데 이것이 수소핵인 양성자에 탁 부딪혀 양성자가 밖으로 튀어나온 것이라고 생각된다. 그 튀어나온 양성자는 하전 입자이므로 이번에는 안개상자로 볼 수 있게 되며 그 에너지를 조사해 보았더니 터무니없이 크고, 이 부딪친 정체를 알 수 없는 입자는 도저히 보통 감마선이라고는 생각할 수 없는 물건이라는 것이 밝혀졌다.

러더퍼드의 탁견과 채드윅의 공적

이 매력적인 베릴륨의 수수께끼를 풀려고 매달린 사람 가운데 나중에 '중성자의 발견'으로 노벨상을 받은 채드윅(James Chadwick, 1891~1974)이 있었다.

그는 1891년 영국의 체셔에서 태어났다. 맨체스터대학을 졸업한 뒤, 그곳 물리학연구소의 러더퍼드(Emest Rutherford, 1871~1937) 교수[나중에 경(Sir)] 밑에서 연구하고 있었다. 그는 반드시 베릴륨을 쓰지 않아도 헬륨, 리튬, 탄소, 질소, 아르곤 등으로도 비슷한 방사선이 나오는 것을 발견하고, 곧 이 방사선이 다른 원자핵에 충돌했을 때의 에너지의 주고받음에 관하여 면밀한 고찰과 계산을 시작하고, 또한 그것을 기초로 하여 실험을 되풀이했다. 이 눈에 보이지 않는 괴물의 정체를 밝히는 데는, 그것으로 튀어나온 하전 입자의 모습을 꼼꼼하게 조사하는 일이야말로 유일한 실마리가 된다고 그는 생각했다. 그리고 드디어 그것이 진짜로 존재하는 새로운 소립자라는 것을 밝혀내고, 동시에 그 질량을 결정하고, 또한 그것이 핵을 구성하는 일원임을 실증했다. 많은 과학의 중요한 발견이 그랬던 것처럼 확실히 그의 공적은 크지만 마침 그것이 태어날 만한 숙성된 토양이 그 무렵에 무르익었던 것도 보아 넘길 수는 없다.

확실한 실증이 뒤따르지 않아도 된다면 전기적으로 중성인 입자가 있다는 생각은 오래전부터 있었다. 그러나 오늘날 사용되고 있는 중성자가 실체(實體) 하는 존재라는 것을 의식하여 중성 입자를 예언한 것은 그의 스승인 러더퍼드 경이며, 그는 1920년에 이미 다음과 같은 제안을 했다.

전자가 수소 원자핵과 더 밀접하게 결합하여 어떤 종류의 중성 이중자(中性二重子)를 형성하는 것은 어떤 조건 아래에서는 가능하다고 생각됩니다. 이 원자는 주목할 만한 성질을 가지고 있습니다. 그 바깥 장(場)은 원자핵에 아주 가까운 곳을 제외하고는 실질적으로는 영이며, 그 때문에 물질 속을 자유롭게 운동할 수 있을 것입니다. 이 입자의 존재를 질량 분석기로 확인하는 것은 아마 어려울 것이며, 또한 밀폐 용기에 보존하는 것도 불가능할 것입니다. 한편, 그것은 쉽게 원자 내부에 들어가

환상의 중성자를 만날 때까지는 12년이나 걸렸다

서 원자핵과 결합하거나 원자핵의 강한 장에 의해 붕괴할 것입니다.

이러한 원자의 존재는 무거운 원소의 원자핵 형성을 설명하는 데 불가결하다고 생각됩니다. 왜냐하면 고속도의 하전 입자가 생성된다는 것을 상정하지 않는 한 양전하를 가진 입자가 어떻게 해서 강한 반발력을 물리치고 무거운 원자핵에 도달할 수 있는가를 이해하기 어렵기 때문입니다.

(노벨상 수상 기념 강연집에서)

이것을 읽어 보면 중성자가 가진 참모습이 거의 그대로 설명되어 있으므로, 이 제안이 나오고 나서 중성자의 존재가 실증되기까지 족히 12년이 걸렸다는 것은 거짓말 같은 이야기처럼 생각된다. 그리고 얼마나 중성자의 발견이 어려웠던가를 여실히 말해 주고 있다. 이유는 말할 것도 없이 전하를 갖지 않는 입자였기 때문이다.

〈그림 3〉 중성자가 위에 놓인 젤라틴에 충돌하여 그 속의 양성자를 튕겨 나가게 한 것. 양성자의 항적이 보인다(노벨상 수상 기념 강연, 채드윅에서)

중성자는 범인으로 견주어 보면 혐의를 받고 나서 12년 동안이나 도망쳐다니던 만만치 않은 존재였다고 말할 수 있다. 범인은 이 사람이라고 형사의 직감으로 수사선상에 올랐어도 어둠에 가려져 전혀 모습을 보이지 않았다. 대개의 입자는 강한 전기장이라든가 자기장이라는 고문을 하고 안개상자라는 동헌에 끌려 나오면 정체를 드러낸다. 질량이 적고 낮은 에너지를 가진 전자는 자기장 속에서 쩔쩔매고, 질량이 큰 양성자나 선은 유유히 원을 그리면서 사라지고 그 발자국은 배의 항적과 같이 남아서 안개상자 속에서 볼 수 있게 된다. 그런데 중성자는 전하를 갖지 않기 때문에 안개상자 속의 원자를 이온화하지도 않고, 따라서 그 자체는 아무 자국도 남기지 않는다. 그러나 그것에 튕겨 나온 양성자는 '탁' 튕겨 '쑥' 자국을 남긴다. 〈그림 3>은 중성자 발견 당시 페더가 찍은 안개상자 사진이다. 중성자가 위쪽에 놓인 젤라틴 속의 양성자를 튕겨 낸 것인데, 그에 따른 직선적인 자국을 보여 주고 있다. 중성자는 여기서도 어둠에 가려져 있다. 지금은 중성자를 쉽게 계수관으로 헤아릴 수 있는데 모두 중성자 그것을 헤아리는 것이 아니고 튕겨 나온 핵을 보고 헤이는 이른비 '2차 효과'를 이용한다.

파울리의 중성자

여담을 하나 얘기하자면, 1930년 무렵이 되자 중성자가 태어나기 전날 밤 같은 분위기가 감돌고 있었다.

러더퍼드가 중성의 입자의 존재를 예언한 것은 앞에서 얘기했는데 '중성자(neutron)'라는 말을 처음으로 쓴 것은 파울리(Wolfgang Pauli, 1900~1958)(1930년)이다. 전자와 양성자라는 두 소립자만으로는 아무래도 핵의 여러 가지 문제를 뚫고 나아갈 수 없게 되어 있었다는 것은 앞에서 얘기했지만, 그는 새로운 소립자의 개념이 아무래도 필요하다고 말하고, 그것을 '목숨을 건 치료'라고 불렀다. 새로운 개념을 덧붙이는 것은 아주 용기가 필요한 일이었는데, 이것을 그는 '중성자'라고 불렀다. 예를 들면 1931년 6월 29일의 「타임」지에는 '중성자'라는 표제로 그가 우주에는 양성자, 전자, 광자에 덧붙여 제4의 입자 '중성자'가 있다고 주장한다는 것이 실려 있다.

그의 중성자는 오늘의 눈으로 보면 채드윅이 발견한 중성자라기보다는 오히려 페르미(Enrico Fermi, 1901~1954)가 발견한 전자 중성미자(電子中性微子)의 성질을 가졌으며 오늘날의 중성자에 비해서 훨씬 가벼운 것을 생각했다. 그는 1930년 12

월에는 이미 그런 생각을 굳혔던 것 같고, 실제로 공식석상에서 그 얘기를 하기 이전부터 학자들 사이에서는 그의 생각이 잘 알려졌던 것 같다. 그러나 파울리의 '중성자'는 나중에 채드윅이 진짜를 발견(1932년)하자 그 이름을 빼앗기고 중성미자 쪽은 페르미의 발견으로 되어 버려 결국 이름을 붙인 파울리의 이름은 잊혔다.

2장 중성자의 참모습

중성자의 참모습은 완전히 드러났는가

중성자란 전하가 없고 질량이 양성자와 같은 중성인 입자라는 것은 앞에서 얘기한 대로인데, 더 자세한 것은 아직 모르는 것도 많다.

그 참모습을 철저하게 조사하려는 활발한 연구는 오늘날에도 아직 계속되고 있고 그것에 대해서는 나중에 얘기하겠다. 다만 여기에서는 좀 더 알아두어야 할 일을 덧붙여 얘기한다. 그것은 전하는 없지만 자기 모멘트(磁氣 Moment)는 가지고 있다는 것이다. 즉, 중성자는 작지만 일종의 영구 자석과 같은 것이다. 이런 성질은 전자도 가지고 있다. 철이 영구 자석이 되는 것은 실은 이 전자 자체가 가진 자기 모멘트가 일제히 정렬하는 결과로 생기는데 중성자도 실은 그런 자기 모멘트를 가지고 있다. 그러나 그 크기가 전자의 그것에 비하면 약 2,000분의 1 정도로 작은 것이므로 자석으로서의 특성에 기여하지는 못한다. 다만 중성자만으로 된 중성자별에서는 그 때문에 막대한 자기장(磁氣場)이 생기는데 이것도 나중에 얘기하겠다.

양성자도 자기 모멘트를 가지고 있는데 그 크기는 중성자의 그것과 같은 수준이다. 이들 입자의 참모습은 대략 〈그림 4〉에서 볼 수 있다.

이 자기 모멘트는 왜 생길까? 둥글게 감은 동선 코일에 전류를 흐르게 하면 자기 모멘트가 생기므로 전자 내부에서는 음전

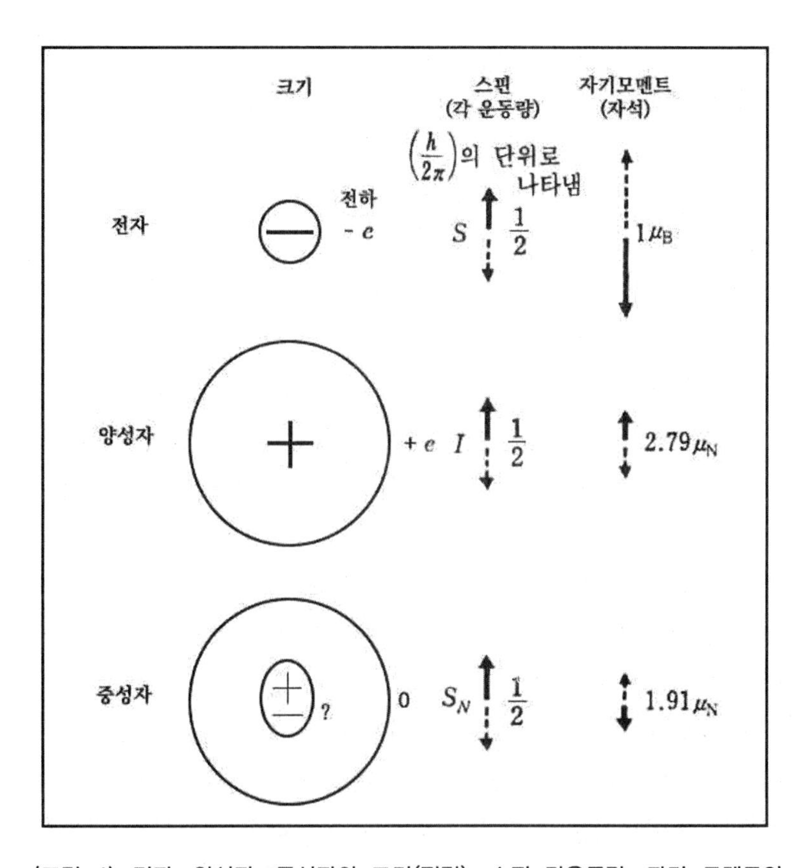

〈그림 4〉 전자, 양성자, 중성자의 크기(질량), 스핀 각운동량, 자기 모멘트의 상대적 크기, 방향에 대한 모식도. μ^B=0.927×10^{-20}erg / G μ_N,= μ_B /1836=5.05×10^{-24}erg / G. ↑와 ↓는 가능한 두 가지 상태를 나타낸다. h는 플랑크 상수

하가 빙글빙글 돌아서 자기 모멘트가 생긴다고 생각하는 사람도 있을지 모른다. 그러나 그렇게 되어 있다는 증거가 있는 것도 아니므로 무엇이라고 말할 수 없다.

다만, 물체가 회전하면 각운동량(角運動量)이 생기는데, 전자도 양성자도 중성자도 각각 독특한 각운동량만은 가지고 있어서 그것이 벡터와 같이 동작한다. 단지 그 양자화 축방향의 성분에는 양자역학에서 정해진 규약이 있어서 플러스나 마이너스의 두 가지 성분밖에 가지지 못하게 되어 있다. 그런데 거기에 부수되어 자기 모멘트가 나오기 때문에 더욱더 하전 입자가 돌아서 자극을 내는 것이라고 생각하고 싶어진다. 그러나 그런 이미지를 극미의 세계로까지 확대하면 위험하므로 이 이상 깊이 파고들지 않기로 한다. 그러나 이해에 도움이 된다면 지구가 자전하여 남북으로 자극이 생기는 것처럼 중성자도 그렇게 되어 있다고 생각해도 무방하다. 그 각운동을 '스핀(Spin)'이라고 부른다. 자기 모멘트는 이 스핀에 따라 생긴다. 그 크기는 중성자인 경우는 너무나 작기 때문에 자석으로 잡으려고 해도 그렇게 간단하지 않다. 그것은 중성자가 운동하고 있는 에너지 쪽이 훨씬 크기 때문이다.

못을 던져 자석 옆을 지나게 해보자. 못의 속도가 늦으면 자석에 붙지만, 빠르면 그냥 지나가 버린다. 보통 흔히 쓰이는 중성자는 열에너지를 가지고 격렬하게 운동하고 있으므로 자기장에 의한 약한 흡인력 정도로는 쉽게 자석에 붙지 않는다. 그러나 나중에 초냉중성자(超冷中性子) 항에서 얘기하겠는데, 최근에는 특히 느리게 한 중성자는 자기장에서 자유자재로 조작할 수 있게 되었다. 이 밖에 중성자는 전자나 양성자와는 아주 다른 성질을 가지고 있다. 그것은 중성자는 그대로 두면 모습을 감춘다. 즉 고유한 수명이 있어서 허망하게 일생을 마친다. 물론 원자핵 속에 있는 중성자는 꺼져 없어지는 것은 아니다. 무슨 인연으로 핵에서 밖으로 튀어나온 중성자는 최신 연구로는

918초, 즉 약 15분이라는 평균 수명으로 전자와 중성미자—*중성미자는 전자 또는 중간자와 쌍이 되어 나타난다. 전자와 쌍이 되어 나타나는 것을 전자 중성미자라고 부른다. 지금의 경우는 보다 정확하게는 전자 반중성미자이다—를 내고 양성자로 변한다. 중성미자는 파울리가 예언하고 페르미가 이론으로 뒷받침한 전하 영, 질량도 영인 안정한 미립자인데 스핀 1/2을 가지고 있다. 태양의 핵반응으로 생긴 중성미자는 지구에까지 도달하고 지구조차 꿰뚫고 지나가는 입자이므로 중성자의 관통력보다 엄청난 위력을 가지고 있는데 얘기는 이쯤에서 그친다.

그럼, 구체적인 중성자 고유의 수치를 들어본다.

정지 질량 거의 양성자와 같으며 1.674×10^{-24}g

전하 없음

스핀 1/2

자기 모멘트 -1.9131〔핵자자(核磁子) 단위〕

전기(이중극) 모멘트 현재 측정 중인데 전자가 가지고 있을 정도의 전하 e가 (+)와 (-)가 쌍이 되어 나눠져 있다고 가정하고 그 간격은 많아도 3×10^{-24}㎝ 이하. 즉, 현재로서는 이중극 모멘트는 없다고 해도 되는데 절대로 없다고 하면 물리학자들은 맹렬히 반대할 것이다.

3장 중성자는 어떻게 발생시키는가

중성자를 방출하는 간단한 장치

오래전부터 사용된 방법으로는 라듐 ^{226}Ra나 폴로늄 ^{210}Po 같은 α선을 자연방출하는 원소 가까이에 베릴륨 ^{8}Be와 같은 가벼운 원소를 가져가면 베릴륨선, 즉 중성자가 나오므로 이것을 이용한다.

보통 금방 나온 중성자는 아주 속도가 빨라서 여러 가지 목적으로 쓰기 어렵기 때문에 그 주위를 감속재로 둘러싸서 중성자를 감속시켜서 꺼낸다. 거친 야생마는 조련시켜야 쓸 수 있는 것과 마찬가지이다. 이렇게 생긴 중성자를 열중성자라고 하는데 대개 이런 순서로 한다. 이 폴로늄-베릴륨의 짝은 1930년쯤부터 최근까지 손쉽게 중성자원을 얻는 데 쓰였으나 최근에는 더 편리한 것이 있다.

그것은 원자로 안에서 인류가 만든 새로운 초우라늄 원소 칼리포르늄 ^{252}Cf이다.

이것은 베릴륨 등을 갖다 놓지 않아도 직접 스스로 중성자를 낸다. 그 중성자는 굉장해서, 단지 1g의 칼리포르늄이 무려 매초 2×10^{12}개의 중성자를 방출한다. 이것은 소형 원자로 수준이다. 다만 값이 비싸서 1g에 수십억 원쯤 된다. 보통 사용되는 것은 1㎎ 정도이며, 그것도 1초간에 10억 개의 중성자가 나오고, 또한 반감기는 2.6년이다. 유해한 감마선도 거의 나오지 않으므로 소규모의 중성자원으로는 안성맞춤이다.

그러나 앞으로 얘기하는 물성 연구에는 도저히 이런 중성자 원으로 충당할 수 없다. 말할 것도 없이 원자로를 써야 한다.

원자로

원자로도 목적에 따라 여러 가지 종류가 있으며, 보통 실용되고 있는 발전로는 주로 에너지를 얻는 것이 목적이므로 그렇게 설계되어 있다. 그런데 중성자를 써서 실험하는 것은 노벽에 뚫은 구멍으로부터 가급적 많은 중성자를 꺼낼 수 있게 고안되어 있다. 원자로는 말할 것도 없이 핵연료를 태워야 하며 거기에는 235번 우라늄을 사용한다. 중성자를 꺼낼 때는 가속기로 가속된 입자가 튀어나오는 것과는 달리 농도가 높은 곳(노심)에서부터 엷은 곳(외부)으로 향해서 자연스럽게 스며나오는 확산 현상을 이용해야 한다. 따라서 가급적 강한 중성자 선속을 얻으려면 될 수 있는 한 한곳에 집중적으로 농도가 높은 곳을 만드는 것이 좋고, 따라서 노심은 작을수록 좋다.

천연 우라늄을 쓰면 ^{235}U 농도가 엷어서 많은 양의 연료를 쓰지 않으면 임계(원자 연료가 스스로 하기 시작하는 것. 상세한 것은 뒤에서 설명한다)에 도달하지 않고 탱크도 커지므로 열에 비해서 중성자가 많이 나오지 않는다. 좋은 중성자용 연구로는 노심을 아주 작게 만든다. 소량의 연료로도 임계에 도달하게 하기 위해서 고농축(93% 정도)된 우라늄 ^{235}U가 사용된다. 예를 들면 세계에서 가장 뛰어난 연구로는 그르노블의 라우에-랑주뱅연구소(ILL라고 약칭, 〈그림 5〉)에 있는데, 그 노심은 지름이 겨우 40㎝로 거기에 9㎏의 고농축 ^{235}U가 채워져 있다. 발열은 75㎿(발전용의 것은 이 10 내지 100배나 크다)인데 이것을 중수에

〈그림 5〉 프랑스 그르노블에 있는 ILL연구소의 원자로(위)와 그 내부(아래). 프랑스, 독일, 영국의 3개국이 공동 관리하고 있다

담가 냉각하고 있다. 원자로라고 하면 속은 새빨갛게 작열되어 연료가 타고 있을 것이라고 생각할지 모르겠으나, 이런 노(爐)에서는 수온이 40°쯤이므로, 결과적으로는 탕 온도가 알맞은 중수 목욕탕에 잠긴 연료가 조용히 발열하고 있는 것과 다름없다. 그럼 이 속에서 어떻게 하여 어느 만큼의 중성자가 생겨날까.

^{235}U는 이것에 중성자가 부딪치면, 예를 들면 몰리브덴 ^{95}Mo와 란탄 ^{139}La로 분열하고, 그때 2개의 중성자가 방출된다. 한 분열에서 1개 이상의 중성자가 나오는 것은 이 중성자가 다른 핵에 부딪혀서 다시 다른 …이라는 식으로 기하급수적으로 다수의 중성자가 나올 가능성이 있다는 것을 나타낸다. 다만, 나온 중성자가 밖으로 새지 않고 반드시 어느 ^{226}U의 핵에 포획될 것을 가정하고 나서야 성립되는 얘기이다. 실제로는 반드시 새기 때문에 어느 양 이상의 연료가 필요하다는 것은 말할 것도 없다. 이 양을 임계량이라고 한다. 이 핵붕괴로 방출된 중성자는 수 메가(10^6)전자볼트의 에너지, 즉 속도로 환산하면 초속 수만 킬로미터, 바꿔 말하면 광속에 가까운 속도로 튀어나온다. 그러나 이렇게 빠른 중성자는 비교적 다른 핵에 잡히기 어렵고, 따라서 핵반응을 일으키기 어렵기 때문에 '감속재'라는 가벼운 원자핵으로 된 물질에 쬐어 속도를 줄인다. 그렇게 하면 천천히 핵에 스며들어 다음 분열을 일으킨다.

이 감속재로는 중성자와 같은 질량을 가진 핵, 즉 수소핵이 좋다(*자세한 것은 중성자의 에너지와 감속 항에서 설명한다). 수소를 많이 함유하고 있고 싼 것은 물이므로 실제로 물을 쓰는 것도 있다. 그런데 조금 사정이 나쁜 것은 수소핵, 즉 양성

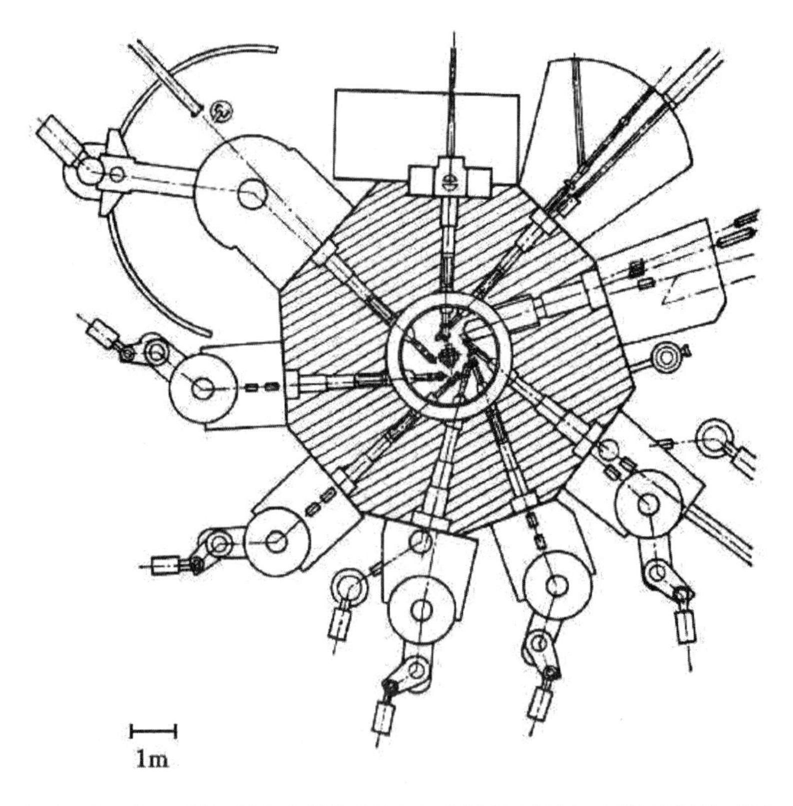

〈그림 6〉 미국 보루크헤이븐 국립연구소의 연구용 원자로. 사선 부분이 원자로의 중콘크리트 차폐체. 그것에 9개의 빔 구멍이 뚫려 있다. 중앙의 원이 중수 감속 탱크, 그 중심이 핵 연료부이다. 밖에 설치되어 있는 장치는 대부분이 중성자 회절 장치이다. 이것이 지름 50m의 돔 속에 들어 있다(권두 그림 참조)

자는 자기 자신이 중성자를 받아들여 중수소로 변하는, 다시 말해서 모처럼 찾아온 야생마인 고속중성자를 순한 말로 조련해 주기도 하는데, 때로는 어떤 확률로 먹어버리기도 한다.

그래서 수소는 수소라도 처음부터 중성자를 포식한 중수소로 된 물, 즉 중수 D_2O를 쓰는 것이 좋다. 이 중수는 값도 비싸고 고급 스카치 위스키급인 데다가 조금 감속 능력이 떨어지지만 중성자를 흡수하지 않으므로 감속재로서는 뛰어나다. 따라서 원자로 속은 농축한 ^{235}U 연료를 위스키급 값인 중수 목욕통에 담가둔 것이고 중수는 돌아 흘러서 냉각 구실도 한다. 실제로 이만큼의 중수로는 빠른 중성자를 느리게 하는 데는 불충분하여, 또 맹렬한 속도로 튀어나가는 중성자를 놓치지 않는 것도 어렵기 때문에 중수 탱크는 훨씬 크고 지름 2.5m나 되며 무게도 약 40t의 중수가 사용되고 있다. 이것은 동시에 중성자가 밖으로 새지 않게 하는 반사체 구실도 하고 있다. 이 반사체는 그 밖을 다시 콘크리트로 둘러싸서 여러 가지 방사선이 새어 나가는 것을 막고 있다. 이것을 '생체 차폐'라고 부르며, 그 밖에서는 연구자가 자유롭게 활동할 수 있다. 이 차폐체에 구멍을 뚫어 중성자를 꺼내는데, 구멍이 뚫려 있어도 물이 새지는 않는다. 구멍이라지만 끝을 봉한 알루미늄 파이프가 꽂혀 있을 뿐이고 그 끝이 중수 감속체까지 닿아 있다. 중성자는 알루미늄 벽 따위는 쉽게 통과하여 밖으로 새어 나오기 때문이다.

〈그림 6〉에서 이 구조를 나타냈다. 목적에 따라 많은 파이프가 꽂혀 있어 거기서 중성자가 밖으로 나오게 되어 있다는 것을 알 수 있다.

그럼, 감속재로 그 온도에 알맞은 에너지(따라서 속도)로 순하게 된 중성자는 감속재의 온도가 실온일 때는 '열중성자', 온도가 절대온도 20°일 때는 '냉중성자', 반대로 2000°일 때는 '열외중성자(熱外中性子)'라고 부른다. 지금은 열중성자에 대해 알아보자. 이런 중성자는 핵분열 때 방출되는 중성자와 달라서 속도는 대폭적으로 느려져 있고, 매초 2㎞쯤의 속도로 감속재 속을 이리저리 돌아다닌다. 매초 2㎞라고 하면 초음속 제트기에 비해 겨우 그 2~3배쯤이고, 물론 인공위성의 속도 쪽이 훨씬 빠른 정도이다. 수는 얼마쯤 되는가 하면, 이것은 아주 제멋대로의 방향으로 돌아다니고 있기 때문에, 지금 노제(爐體) 안에 1㎠ 넓이의 관문을 만들어, 어쨌든 거기를 1초 동안 통과한 입자를 세어보면, 무려 10^{15}개나 된다. 빠른 것이나 느린 것을 합친 숫자이다. 이것은 1㎟의 구멍을 한국의 전 인구의 30만 배나 되는 수의 입자가 1초간에 지나간다는 엄청난 북적거림이다. 그런데 이만큼의 중성자를 전부 실험에 쓸 수 있게 되면 실험 물리학자에게는 아주 기쁜 일이 되겠지만 실제 물리학자들이 시료에 대해서 실험할 수 있는 중성자는 훨씬 적고 매초 10^{8}개쯤이다. 이 수를 조금이라도 늘리려고 많은 학자나 기술자가 고심하고 있는데 아무래도 이것이 한계에 가까운 것 같다. 이 얘기는 좀 더 나중에 하겠다.

이러한 원자로는 현재 주목할 만한 것(10㎿급의 빔실험로)만 해도 세계에 20기쯤 있다.

가속기

가속기는 원자핵에 대해서 전문적으로 연구하는 물리학자에게는 없어서는 안 되는 도구이다. 원래 원자핵은 강하게 결합한 양성자와 중성자로 이루어지고, 다시 그 주위를 음전하를 띤 전자가 지키고 있으므로, 얼마쯤 전자나 양성자를 충돌시킨 정도로는 끄떡도 하지 않고 그것들이 접근하면 금방 전기적 쿨롱힘으로 반발하여 핵의 성은 난공불락을 자랑하고 있다.

중성자는 전하가 없으므로 호위에게 들키지 않고 슬슬 빠져서 핵의 성 안으로 들어갈 수 있다. 그런데 이번에는 중성자의 속도를 인위적으로 빠르게 하거나 느리게 할 수 없으므로 (확률 과정에 의한 것은 고려하지 않는다. 따라서 한 방향으로 날아가는 임의 속도의 중성자선을 만드는 것은 어렵다는 뜻이다) 핵의 내용을 살피는 데는 적당하지 않다. 난공불락의 성을 함락시키려면 평범한 세력을 가진 입자로는 안 되고 다소 돈이 들어도 좋으니 맹렬한 힘으로 쏘아대는 대포를 만들려고 해서 만든 것이 가속기이다. 탄환으로는 전자를 쓰는 것이 있는데, 이것은 보통 '전자 라이낙'이라 부르는 것이 흔히 사용된다.

전자는 가벼워서 비교적 낮은 에너지라도 쉽게 광속 가까이까지 가속할 수 있다. 이 전자빔을 텅스텐과 같이 무거운 원소로 된 표적에 충돌시키면 거기에서 중성자가 다량으로 튀어나온다. 옛날에는 원자핵 실험에 사용되던 도구가 지금은 중성자를 만드는 실용 기구로 사용하게 되었다. 이런 종류의 라이낙은 일본에는 도호쿠대학이나 일본 원자력연구소에 있고, 영국의 하웰(Harwell)연구소에도 있다. 또 전자를 쓰는 대신 양성자를 탄환으로 쓰는 것이 있고 최근에는 이것이 궤도에 오르려고 하고 있다. 대형의 양성자 가속기는 전자 라이낙에 비하면 훨씬 비싸게 먹고 중성자를 방출하는 것을 주목적으로 건조된 예는 없는데, 최근 고에너지 가속기의 규모가 대형화로 치닫고 있으므로, 예를 들면 양성자

싱크로트론으로 핵물리학 실험자가 사용하는 주장치에 편승하는 예가 생기고 있다. 이 주장치에 쓰는 전단계인 이른바 '부스터'라고 부르는 가속기에서 나오는 양성자만 이용해도 충분히 보통 원자로에 비길 만한 세기의 중성자 농도를 순간적으로 만들 수 있다. 고속 양성자를 무거운 핵(예를 들면 텅스텐)에 충돌시켜 원자핵의 분열적 붕괴(Spallation)를 일으키게 하면 열이나 감마선이 조금밖에 안 나오는 데 비해서, 능률적으로 중성자가 방출된다는 것을 알게 되어 중성자만을 쓰고 싶을 때는 아주 편리하게 되었다.

이렇게 가속 입자선을 충돌시켜 중성자를 나오게 할 때는 원자로와는 달라 언제나 끊임없이 중성자가 나오는 것이 아니고 한 무리의 입자를 충돌시켰을 순간에만 나오는데, 이렇게 간헐적으로(펄스 모양으로) 중성자가 나오는 것이 오히려 편리한 때도 있다. 이 가속된 양성자를 사용하는 중성자원과 그것을 사용하는 실험 장치가 현재 일본의 츠쿠바 고에너지연구소에 건설되어 있다(권두 그림 참조).

4장 중성자의 검출

가스 검출기…$^{10}BF_3$, ^3He 카운터

이렇게 하여 발생시킨 중성자나 시료로부터 산란된 중성자를 어떻게 포착하여 어떤 방법으로 세는가가 문제가 된다.

그러려면 플루오르화붕소 BF_3(동위원소 ^{10}B를 쓴다) 또는 헬륨 가스 ^3He를 1~5기압으로 채운 지름 5㎝, 길이 30㎝ 되는 알루미늄관을 사용하는데 이것을 '계수관'이라고 부른다(그림 7). 이 속에는 아주 가는 도선이 1개 쳐져 있고 거기에는 통에 대한 약 2500V의 전압이 걸려 있다. 중성자는 이 관내에 들어가 ^{10}B에 포획되면 거기에서 α선이 나온다. 여기 안에 있는 가스를 이온화시키기 위해 순간적으로 펄스 전류가 흐르기 때문에 그 신호를 증폭하여 계수 회로에 보내면 몇 개의 중성자가 들어갔는가를 셀 수 있다.

〈그림 8〉에서는 오실로스코프로 본 '중성자에 의한 펄스 파형'을 나타냈다. 그러므로 중성자가 들어갈 때마다 하나하나의 수가 계수 회로의 표시판(Scaler)에 집적된다. 만일 이 계수관을 원자로 벽으로부터 중성자를 꺼내는 구멍(Beam Hole) 앞에 놓았다고 하면 계수 표시판에는 매우 빠른 속도로 어지럽게 수가 늘어나는 것을 보게 될 것이다. 아무튼 매초 10^8개나 오기 때문이다(물론 이렇게 하면 계수관이 파괴되므로 하지 않지만). 그럼 그 구조는 어떻게 되어 있는가? 원자 세계 내부 구조를 알아보기로 하자.

이 계수관에 쓰는 붕소는 붕소 ^{10}B라는 특수한 동위원소

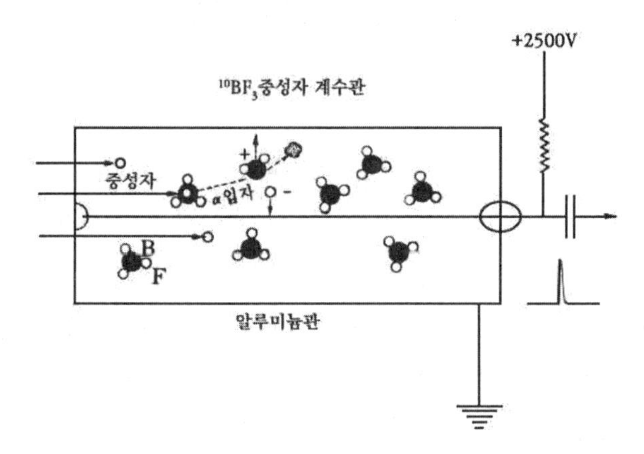

〈그림 7〉 중성자 계수관(BF_3 카운터)

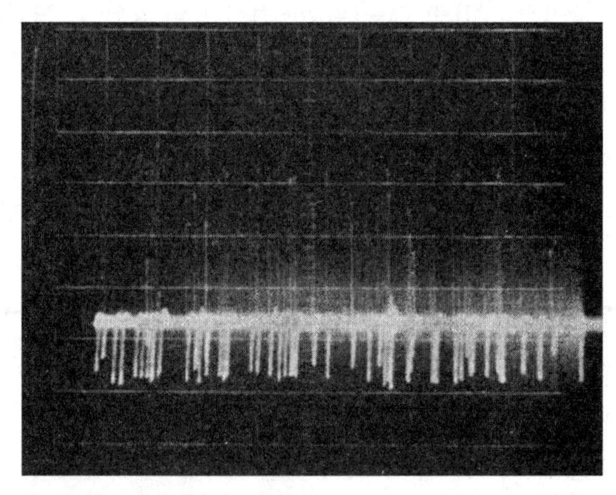

〈그림 8〉 브라운관에 나타난 BF_3 카운터로 잡은 중성자 신호. 화면에 약 수십 개의 신호가 나와 있다. 아래로 나와 있는 펄스는 위로 나오는 펄스를 전기 회로로 받았을 때 변형된 것이다

를 사용한다. 이 ^{10}B라는 원소는 중성자를 아주 잘 흡수하며, 중성자가 오면 그것을 잡자마자 금방 핵반응을 일으켜서 원자량 7의 리튬 ^{7}Li과 헬륨 ^{4}He의 핵(α)으로 분열하고, 그때 2.7MeV라는 높은 에너지를 낸다. 이 굉장한 에너지로 튀어나간 α선은 BF_3이라는 가스를 이온화시킨다. 이 이온화된 (-)와 (+)의 가스는 각각 심선과 통 쪽으로 향해 날아가며 펄스적인 전류를 흐르게 한다. 이렇게 중성자의 검출은 중성자 자체를 보는 것이 아니고 그 2차적인 산물을 세어 간접적으로 측정한다. 이 BF_3 계수관은 '열중성자'나 '냉중성자'와 같은 비교적 속도가 느린 중성자에 대해서 가장 잘 쓰이고 빠른 중성자에 대해서는 감도가 점차 떨어진다.

최근에는 BF_3 대신 ^{3}He를 채운 계수관이 많이 쓰이게 되었다. 이것은 ^{3}He가 중성자를 포착하면 양성자와 중수소핵이 생겨 이 두 가지가 고속으로 튀어나가 이온화하는 것을 이용한다.

신티레이션 검출기

중성자 검출에 이런 가스를 봉입한 관을 쓰는 대신에 형광판 비슷한 판 모양의 고체 검출기도 목적에 따라서는 쓰고 있다.

가스 봉입관은 보통 관 속에 세로 방향으로 중성자를 입사시켜 측정하게 되는데, 만일 관이 30㎝나 되면 관 입구에서 중성자가 잡혔는지 안쪽에서 잡혔는지 알 수 없다. 지금, 가령 날아가는 중성자의 '속도'를 재고 싶다는 경우를 생각해보자. 셔터를 순간적으로 열고 중성자를 나가게 한다. 2m 앞에 이 검출기(카운터)를 놓고 카운터가 잡은 신호가 몇 초

늦었는가를 재면 중성자의 속도를 알 수 있는데, 입구에서 신호가 잡혔는지 안쪽에 잡혔는지는 같은 2m에 대하여 30 ㎝나 오차가 생겨 정확한 속도를 잴 수 없다. 만일, 중성자를 두께 5㎜의 검출판으로 받을 수 있게 되면 0.5/200=0.25%의 정밀도로 잴 수 있게 된다.

이런 엷은 판으로 중성자를 검출하는 것이 '신티레이션 검출기(카운터)'라고 부르는 것이다. 그것은 산화붕소—*붕소 대신에 리튬 화합물도 쓰인다—층과 황화아연층을 교대로 겹친 것인데, 붕소에 중성자가 충돌해 선이 나와 그것이 황화아연 속으로 들어가면 번쩍 빛난다. 이것을 신티레이션(Scintillation)이라고 하며 예전의 실험자는 계수기를 한 손에 잡고 그 섬광을 하나하나 육안으로 보고 셌다고 한다. 지금은 광전자 배증관(光電子培增管)으로 잡아서 자동적으로 계수한다. 이 신티레이션 카운터는 일반적으로 BF_3 카운터에 비해서 다소 성능이 뒤떨어지므로 오늘날에는 오히려 BF_3이나 ^3He 등의 가스 카운터의 옆면에 중성자를 받는 사용법이 많이 쓰이고 있다.

중성자 카메라

신티레이션을 이용하면 중성자용 카메라를 만들 수 있다. 카메라라고 해도 그림자놀이를 보는 것 같은 것인데, 이런 판에 밀착시킨 사진 필름은 감광되어 중성자가 많이 온 곳은 희게(반전 현상한다) 찍혀서, 이른바 중성자 사진이 찍힌다(15장 참조). 다만 중성자 사진이 찍히는 것은 상당히 강한 중선자선이 부딪쳤을 때뿐이다. 이렇게 하여 간접적으로 중성자에 의한 사진을 찍을 수는 있지만 신티레이션판은 어느 정도 두께가 있으므로 사진으로서는 그다지 핀트가 선명한 것은 아니다. 실험할 때 시료에 제대로 중성자선이 충돌되고 있는가 어떤가를 조사하는 데 쓰일 정도이다. 더 선명한 사진으로 찍기 위해서는 로듐과 가돌리늄이라는 금속의 얇은 박 사이에 고감도 필름을 넣고 로듐 쪽을 겉으로 하여 중성자 사진을 찍는다. 들어온 중성자는 이들 금속의 핵에 충돌하여 거기서 나온 베타선이 필름에 감광된다.

5장 중성자와 원자핵의 상호 작용

중성자의 동작

앞에서 중성자가 다른 원자, 예를 들어 붕소에 충돌하면 핵을 호위하고 있는 전자 무리 사이를 무난히 빠져나가 핵의 성 안으로 잠입한다고 얘기했다.

우라늄의 붕괴는 핵에 잠입한 중성자에 선동되어 일어난다. 그런데 이렇게 핵에 잠입되어 버리는, 즉 포획되어 버리는 경우는 오히려 적고, 대개는 중성자가 핵에 아주 가까이까지는 다가서는데 거기서 튕기는 경우가 많다(—이 힘은 핵력에 의한 것이며 중성자가 핵 아주 가까이에 오지 않으면 작용하지 않는다. 이를테면 작용권이 아주 좁다).

앞에서 감속재 얘기를 할 때, 수소핵은 중성자를 조금 포획하지만 중수소핵은 거의 잡지 않는다고 했다. 즉 충돌은 해도 잡지는 않는다. 실제로는 그런 원소 쪽이 많고, 반대로 포획하는 쪽이 적을 정도인데, 잘 잡는 것은 중성자 흡수재로 사용된다. 우리가 잘 알고 있는 카드뮴이 가장 잘 흡수한다. 그러므로 중성자와 핵이 작용하는 방식은 크게 튕기는 작용(즉 산란)과 포획(흡수)의 두 가지로 나눌 수 있다.

산란 단면적

이 튕기는 능력은 핵의 종류에 따라서 여러 가지이고 이것을 '산란 단면적'이라고 한다. 튕기는 능력에 '면적'이란 용어가 엉뚱하다고 생각할지 모르겠지만 꼭 그렇지는 않다.

피처가 중성자 공을 던졌다. 타자는 등번호 13번 알루미늄 군이다. 그런데…

야구에 비유해 보면, 지금 피처가 중성자공을 13번이라는 등번호를 붙인 타자인 알루미늄 선수를 향해서 던졌다고 하자. 이 알루미늄 선수가 잡고 있는 배트는 가늘고 공이 맞는 면적이 작기 때문에 타율이 낮고 알루미늄 선수는 그다지 잘 치지 못하기 때문에 공은 대개 뒤로 지나가 버릴 것이라고 소문이 자자하다. 이에 비하면 등번호 28번의 니켈 선수는 마치 테니스의 라켓처럼 면적이 큰 배트를 들고 있으므로 광광 때린다. 결국 중성자공을 잘 치게 되는가 어떤가는 배트의 면적이 넓은가 좁은가에 달렸다. 이 면적은 사실 아주 작기 때문에 10^{-24}㎠의 단위로 측정하게 되어 있고, 그 단위를 '반(barn)'이라고 부른다. '반'이란 건초 등을 넣는 헛간인데, 원자핵 세계에서는 '핵'이 헛간처럼 크다고 해서 붙여진 이름이라고 한다.

실제로, 원자핵의 반지름은 10^{-12}㎝ 정도이므로 마치 핵을 통째로 썬 것 같은 면적과 같이 생각해도 되는데, 이 산란의 단면적은 산란능력을 대변하도록 정해진 것이므로, 반드시 통째로 자른 그대로의 크기는 아니다. 만일, 통째로 썬 크기라고 하면 1번의 수소핵으로부터 92번의 우라늄핵으로 향하여 균일하게 커질 것인데 아주 제각각이어서 알루미늄보다 번호가 하나 작은 마그네슘 쪽이 크기도 하다. 원자에 의한 X선 산란인 경우도 마찬가지로 산란능력을 정의할 수 있는데, X선은 전자에 의해서 산란되므로 당연히 전자가 많을수록 산란능력이 세져서 원자번호 순에 따라 단조롭게 단면적이 늘어간다.

이것은 중성자를 쓰는 것과 X선을 쓰는 것은 전혀 다른 정보를 얻게 된다는 것을 암시한다.

흡수 단면적

그러면 흡수 쪽은 무엇에 비유할 수 있을까. 이것은 야구 글러브의 크기 같은 것이며, 흡수가 일어나기 쉬움, 즉 어느 정도의 핵이 중성자를 포획하기 쉬운가를 나타나는 데도 '단면적'이라는 '양'을 사용한다.

8번의 산소 선수나 13번의 알루미늄 선수가 가진 글러브는 크기가 거의 영이므로 이런 원소에 중성자가 충돌하면 다소 튕기는 일은 있어도 공이 쑥 없어지는 일은 없다.

그런데 카드뮴 선수는 터무니없이 큰 글러브를 가지고 있으므로, 이것을 향해서 공을 던지면 끝장이 나며 도저히 되돌아오는 일은 없다. 재미있는 것은 이 카드뮴 선수일지라도 속도가 빠른 공은 받지 못한다. 일반적으로 다소 흡수 단면적이 작은 원소라도 아주 느린 공은 잘 잡기 때문에 저속 중성자에 대해서는 흡수 단면적은 늘어간다. 보통, 중성자 속도에 반비례하

〈표 1〉 중성자에 대한 각 원소(타자, 캐처)의 타(포획)율표

원자핵	원자 번호 Z	중성자 산란 길이 b(10^{-12}㎝)	중성자 산란 단면적 (10^{-24}㎝반)	중성자 흡수 단면적 (반)	X선 산란 길이 (10^{-12}㎝)
^{1}H 수소	1	−0.374	81.5	0.19	0.28
^{2}H 중수소 D	1	0.666	7.6	0.0005	0.28
^{4}He 헬륨	2	0.30	1.1	0.0000	0.56
^{9}Be 베릴륨	4	0.774	7.54	0.005	1.13
^{10}B 붕소	5	0.54	4.4	430.	1.41
^{12}C 탄소	6	0.665	5.51	0.003	1.69
^{14}N 질소	7	0.94	11.4	1.1	1.97
^{16}O 산소	8	0.580	4.24	0.0001	2.25
^{27}Al 알루미늄	13	0.35	1.5	0.13	3.65
^{56}Mn 망가니즈	25	−0.39	2.0	7.6	7.0
Fe 철	26	0.95	11.8	1.4	7.3
Ni 니켈	28	1.03	18.0	2.7	7.9
Cu 구리	29	0.76	8.5	2.2	8.2
Zn 아연	30	0.57	4.2	0.6	8.5
Cd 카드뮴	48	0.37		2650.	13.6
Pb 납	82	0.94	11.4	0.1	23.1
^{238}U 우라늄	92	0.85		2.1	25.9

여 늘어간다.

각 원자핵의 성질

〈표 1〉에 원자번호(등번호) 순으로 몇 개의 원소의 '산란 단면적'과 '흡수 단면적'을 보였다. 이 표는 모든 원자를 망라한 것은 아니지만 앞으로 나오는 얘기에 가끔 필요하다. 이를테면 각 원소의 타율, 포획률을 보여 주는 중요한 표이므로 필요할 때 들쳐 보면 참고가 된다. 원소 이름의 왼쪽 어깨에 있는 숫자는 질량수를 나타내는 것이며 핵 속의 양성자와 중성자를 구별 없이 합친 수라고 생각하면 된다. 그 오른쪽 열에 원자번호

Z가 적혀 있는데, 이것은 물론 전자 수와 같다. 그러므로 앞의 숫자에서 이 숫자를 뺀 것이 핵 속에 있는 중성자 수이며, 원자번호가 같은데 그 숫자가 다른 것이 동위원소이다. 중성자의 산란 단면적은 같은 원자번호의 것이라도 동위원소에 따라서 전혀 다르게 동작하므로 사실은 등번호를 원자번호 그대로 써서는 안 되는 일이 생긴다.

가장 심한 것은 수소이며 같은 원자번호 Z=1이라도 ^{1}H와 ^{2}H(D)에서는 '단면적'이 엄청나게 다르다. 이것은 또한 굉장한 응용이 기대된다. 예를 들면, 보통 수소 대신에 중수소로 대체하여 만들어도 화학적으로 꼭 같기 때문에 얼핏 보아 같은 물질처럼 보이는데 중성자를 충돌시켰을 때는 천양지차가 되며 수소가 물질 속에 있는 모습을 손에 잡힐 듯이 훤히 알 수 있다. 특히 생체를 구성하는 분자의 연구에 큰 몫을 하는데 나중에 더 이야기할 것이다.

〈표 1〉로 되돌아가서 철 이하에서 번호가 없는 것은, 이러한 원소는 적어도 천연의 것은 몇 개인가의 동위원소가 섞여 있으므로 몇 번이라고 하기 어렵기 때문이다. 표의 단면적은 동위원소에 대하여 평균된 것이며 실제로 나타나는 단면적이다. 이 표를 보면 '중성자 산란 단면적'에는 값에 별로 규칙성이 없고 제각각이다. 흡수 단면적도 마찬가지로 제각각으로 보이는데 앞에서 설명한 것과 같이 붕소 ^{10}B나 카드뮴 ^{113}Cd는 엄청나게 큰 값을 가지고 있다. 이것은 중성자를 흡수하기 쉽다는 것을 나타내고 있으며 Cd이면 두께 1㎜의 판을 통과시키기만 해도 '강도'(중성자 수)가 약 1만 분의 1로 떨어진다. 이에 반하여, 만일 알루미늄이면 두께 7㎝ 판을 통과해도 강도는 반 정도밖

에 떨어지지 않는다. 수소를 많이 함유하는 물이나 기름 등은 흡수는 그다지 크지 않지만 산란이 이상적으로 크기 때문에 이것을 함유하는 물체를 중성자의 '선속'(빔이라고 한다)의 통로에 두면 겉보기로는 흡수와 마찬가지로 강한 그림자가 생긴다.

중성자 산란 길이

이 표 속에 '중성자 산란 길이'라는 난이 있고, 또 끝에 'X선 산란 길이'라는 난이 있는데 이들이 〈그림 9〉의 그래프에 나타나 있다. 이것은 무엇이고, 그리고 왜 필요한가를 설명해야 하는데, 먼저 '중성자 산란 길이'부터 시작하자.

시험 삼아 산란 길이의 제곱을 잡고 그것에 4π=12.5를 곱해 보자.

뭔가 알아차린 것이 있는가. 처음의 ^{1}H는 괴짜이고, 두 번째 ^{2}H도 조금 이상하고, 니켈 Ni도 조금 예외지만, 그 밖의 것은 대체로 바로 오른쪽 '중성자 산란 단면적'에 아주 가깝거나 조금 작은 값이 되었을 것이다. 그리고 망가니즈 Mn 등은 산란 길이의 부호가 ⊖인데도 제곱이 되었으므로 ⊖ 효과는 없어지고 충분하지는 않지만 대략 오른쪽 난의 값에 가까워졌을 것이다. 그렇다면 두세 가지 예외가 있지만 '산란 길이'라는 것은 산란 단면적과 관계가 있어서 이것이 크면 단면적도 커지므로 이것 또한 배트의 크기에 관계하고 있는 양이라는 것을 알 수 있다.

실은 '산란 단면적'보다도 '산란 길이' 쪽이 더 기본적인 양이므로 이것이 더 중요한데, 그 설명에는 조금 정도가 높은 지식이 필요하고, 정확하게는 양자역학적으로 다루어야 되는 것

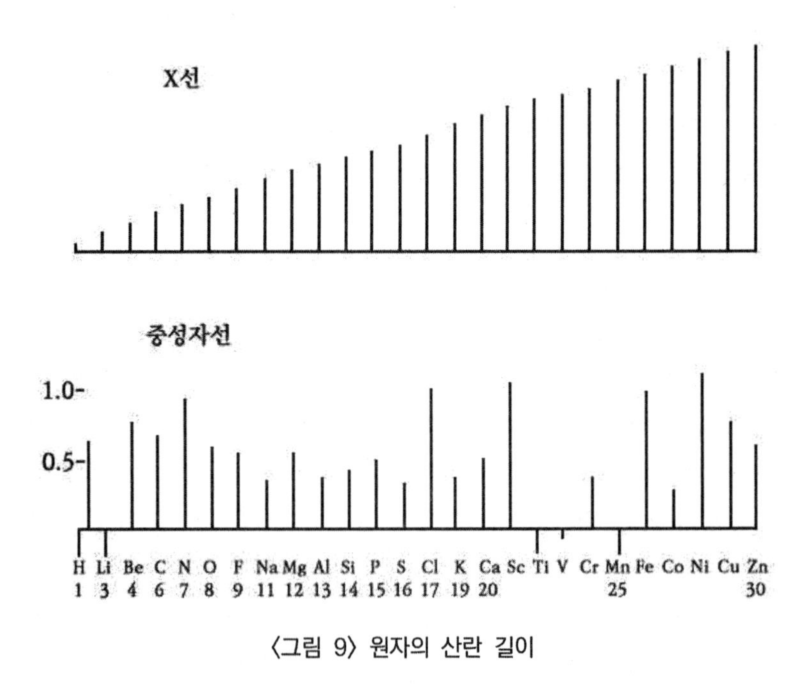

〈그림 9〉 원자의 산란 길이

이다. 그러나 어려운 이야기는 가급적 피하여 직관적으로 알기 쉽게 설명하려고 한다.

입자와 파동의 개념에서 산란 길이의 도입까지

운동하고 있는 입자가 동시에 파동의 성질을 가지고 있다는 것은 근대물리학에서 잘 알려진 사실이다. 질량 m, 속도 v로 운동하고 있는 입자는 mv라는 운동량을 가지는데, 이 역수에 플랑크 상수 h를 곱한 것이 그것을 가진 물질파의 파장 λ가 된다. 그러므로 운동량이 작은 것일수록 반대로 파장이 길어진다. 이 $\lambda=\frac{h}{mv}$의 관계를 제창한 것은 프랑스의 물리학자 드브로이(Louis Victor de Broglie, 1892~1987)이다. 그가 이 직관적으로 믿기 어려울 만큼 기발한 관계식을 발견한지 3년 후에는 데이비슨(Clinton Joseph Davisson, 1881~1958)과 저머(Lester Halbert Germer, 1896~1971)라는 미국의 실험 물리학자가 전자선을 원자가 규칙적으로 배열한 니켈 결정에 쬐었을 때, 마치 빛이 회절격자에서 회절을 일으키는 것처럼 특정 방향으로만 산란이 일어나는 것을 발견하여 드브로이의 물질파에 관한 생각이 옳다는 것을 실증했다.

이렇게 전자와 같이 아주 가벼운 입자에서는 간단하게 파동성과 이중성이 관측된다. 예를 들면, 금속을 가열하면 표면으로부터는 전자가 튀어나가는데, 튀어나간 전자가 자유롭게 운동할 수 있도록 진공으로 만들어 둔다. 진공 중으로 나간 전자는 전기장에 의하여 가속되거나 '로렌츠의 법칙'에 따라서 그 진로가 쉽게 휘어진다. 그것은 실제로 형광판을 통하여 눈으로 볼 수 있다.

이렇게 전자는 확실히 ⊖의 전하를 띤 질량이 가벼운 입자로서의 성질을 나타낸다. 그런데도 파동성을 나타내는 것은 앞에서 얘기한 대로이다. 그럼 야구공도 파동성을 가지는가 물으면 '예'라고 대답해야 한다. 다만, 파장은 믿을 수 없을 만큼 짧아진다. 그런데 중성자는 전자에 비하면 1,800배 가까이나 질량이 크기 때문에 어떤 운동을 하고 있는 전자와 같은 파장으로 하려고 하면 중성자의 속도를 1,800분의 1 정도로 느리게 해야 한다.

중성자는 질량이 커서 전자보다도 훨씬 실재하는 입자에 가깝고 도저히 파동으로서의 성질을 나타내기 어려울 것이라고 생각된다. 그러나 그렇지 않고 훌륭하게 파동성을 나타내는 것은 놀라운 일이다. 이것은 또한 근대물리학이 가르쳐준 하나의 교훈이며, 우리 인간의 소박한 입자에 대한 개념이 얼마나 독단적인 것이었는가를 보여 준다. 이렇게 말해도 금방 알아차리지 못할 것이다. 직관적으로는 도저히 알 수 없다는 것이 오히려 인간으로서는 정상이므로 천천히 여러 가지 예를 읽으면서 이해해 가도록 하자.

한 예를 들어 산란의 물리를 더 알아보기로 하자. 어떤 원자핵, 예를 들어 구리 원자핵을 고정해 놓고 그것이 중성자를 충돌시키는 경우를 생각해보자. 먼저 입자상(粒子像)으로 생각하면 앞에서 얘기한 피처와 배터의 비유가 된다. 중성자 공은 거의 충돌하지 않고 그대로 지나쳐 버리는데, 아주 작은 확률이지만 산란된다. 야구에서라면 맞은 경우, 공이 나아가는 방향에 대하여 뒤쪽으로 튕겨 나가는 일이 많은데, 중성자인 경우는 앞뒤좌우로 꼭 동등한 확률로 튕긴다. 이것을 설명하는 데는 파동성으로 다루는 것이 훨씬 쉽다.

파동성의 개념으로 설명하면 어떻게 되는가. 입자가 어느 위치에서 발견되는 그 확률은 파동의 상에 대응시키면 파동 진폭의 제곱에 비례한다고 나타낼 수 있다. 그러므로 입구를 열어 놓은 구멍으로부터 중성자를 분출시키는 것은 우리의 원자핵 방향으로 향해서 가는 '평면파'로 나타낼 수 있다. 그 이유는 지금 열어 놓은 구멍의 어디에서도 중성자의 강도는 균일하기 때문이다. 또는 무한히 먼 곳에 중성자를 내는 점광원(點光源)이 있다고 하면 구리핵의 위치에서는 평면파로 진행해 오는 '중성자의 파동(물질파)'으로 근사할 수 있을 것이다. 그 파동의 파장은 중성자의 속도 v로 결정된다. 중성자인 경우, 흔히 실험에 쓰이는 '열중성자'는 매초 2㎞의 속도로 날아가는데, 그 파장은 약 1Å(10^{-8}㎝)이다. 구리핵의 크기는 앞에서 얘기한 대로 10^{-12} ㎝, 즉 지금의 파장의 약 1만 분의 1이나 작다. 파동이 이 작은 핵에 충돌하면 거기에서 구면상(球面狀)의 파동이 나간다. 들어온 평면구(平面球)에 대하여 어느 정도 강한 구면파가 생기는가, 그 비율이야말로 산란능력의 세기를 준다. 구면파가 강하게 나간다는 것은 야구에서 말하면 타율이 높다는 것이다. 이 입사파와 산란파의 진폭의 비가 앞에서 문제 삼은 산란 길이로 정해진다〔좀 더 정확하게 말하면 산란된 구면파의 어떤 위치에서의 진폭은 산란 길이(d)에 비례하고 핵으로부터의 거리에 반비례한다〕.

그러므로 산란 길이의 제곱을 잡고 면적의 원(Dimension)으로 한 것이 '산란 단면적'이다. 즉 '산란 길이'란 물질파의 진폭의 타율(진짜 타율과 근)이다.

이 중성자파의 산란에 의하여 나오는 '구면파'는 '입사 평면파'와는 일정한 위상 관계를 유지하고 나온다. 보통의 핵, 즉 산란 길이가 (+)인 것은 핵이 있는 데서 π만큼 위상이 어긋나게 산란되는데 산란 길이가 (-)인 것은 위상이 어긋나지 않고 나온다. '구면파'로서 나와 버리면, 그것으로 표시되는 산란 중성자의 존재 확률은 이 파동 진폭의 제곱이므로 위상이 π만큼 어긋나거나 어긋나지 않아도 산란 중성자의 강도에는 변함이 없고, 이를테면 공의 타율에는 관계없다. 직관적으로는 (+) 쪽은 핵으로부터의 반발력을 받아서 산란하는 것, (-) 쪽은 인력을 받아서 산란하는 것에 해당한다. 조금 걸맞지 않는 비유이기는 하지만 굳이 말한다면 이것은 오른손잡이와 왼손잡이 타

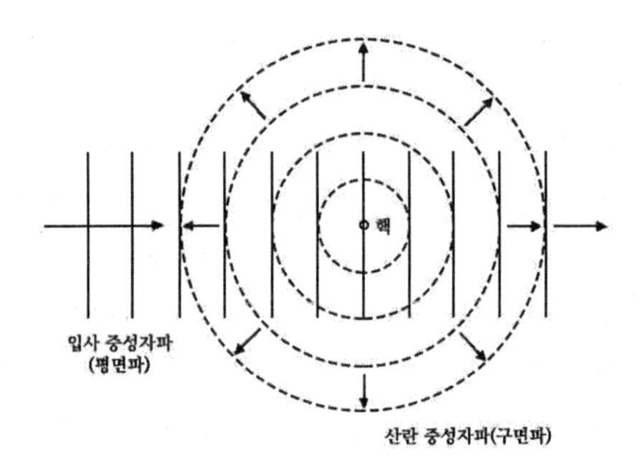

〈그림 10〉 고정된 핵에 의한 중성자파의 산란[산란 길이가 (-)인 때의 그림]. 파장에 비해서 핵의 크기가 작기 때문에 구면파가 나온다

자의 차이라고 할 수 있을 것이다. 어쨌든 맞으면 공의 '방위분포'는 똑같이 등방적(等方的)이다(그림 10).

이 구면파가 생기는 것은 중성자를 산란하는 핵의 크기가 작기 때문이다. 평면파로 나아가는 수면상의 파도를 상상해 보자. 거기에 파장보다도 아주 작은 지름의 막대 틀을 세워 놓으면 거기에서 구면파가 생기는데 그것과 같다. 이렇게 하여 '산란 길이'를 이해할 수 있을 것이라고 생각되는데 왜 그것이 중요할까.

브래그 산란

앞에서 이 '산란 길이' 쪽이 '산란 단면적'보다도 오히려 중요한 양이라고 얘기했다. 왜 그럴까 그것은 지금까지 단지 1개의 핵에 의한 산란만을 생각했으므로 '산란 길이'라는 것이 기본적으로는 중요한 양이면서 그다지 표면에 나오지 않았기 때

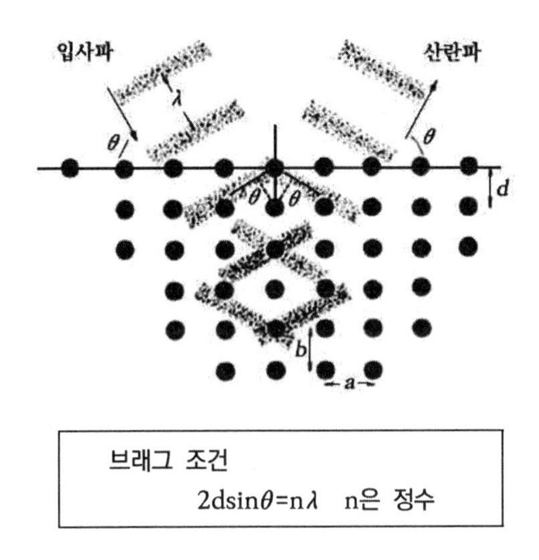

〈그림 11〉 브래그 산란의 조건. 이를테면 이 그림은 산란 길이가 (-)인 핵의 경우를 보였다. (+)핵일 때는 어떻게 되는가 생각해보자

문이다.

2개의 이상의 원자핵이 있는 경우를 생각하면, 여기서 비로소 '산란 길이'라는 개념이 중요하다는 것을 알게 된다. 많은 물질은 잘게 보면 결정이라는 원자가 규칙적으로 배열한 집단으로 되어 있다.

이들 결정에 의하여 중성자가 어떻게 산란되는가는 1개의 원자핵만의 산란인 경우와 달라 어느 쪽으로도 균등하게 산란되는 일은 우선 없다고 해도 되며, 아주 엄격한 조건이 만족되었을 때만 산란이 일어난다. 이것은 입자만의 상으로는 이제는 어떻게든 설명할 수 없게 된다. 만일 입자상인 대로라고 하면 하나하나의 원자핵으로부터 등방적으로 산란된 강도를 원자수만큼 덧붙여 주면 되고 원자가 규칙적으로 배열하든 배열하지 않든 역시 어느 방향으로도 골고루 중성자가 산란될 것이다. 그러나 그런 제 마음대로의 산란은 절대로 허용되지 않고 '브래그의 법칙'이라는 아주 엄격한 조건에 맞는 방향으로만 강하게 산란되고 다른 방향으로는 일체 나가지 않는다. 그럼 왜 그렇게 되는가? 개략적으로 얘기하면 이렇다. 어떤 한 방향을 설정하여 그곳으로 향해 오는 파동을 생각하면, 그것은 차례차례 장소가 다른 곳에서 산란된 '중성자파'가 설정된 방향에 대하여 겹친 것이 된다. 이때, 파동은 서로 강화시키거나 약화시키기 때문에 겹쳐진 파동의 진폭은 상쇄되어 결국 영이 되는 것이다.

'브래그 산란'이라는 특정한 조건은 중성자의 파장과 산란 방향과 그리고 결정 속에서의 주기적인 원자 배열 방식에 따라 결정되며, 그 조건이 만족되었을 때 비로소 각 원자로부터 산란된 '구면파'는 그 파동의 산은 산, 골짜기는 골짜기가 꼭 맞아서, 결과적으로 아주 강하게 산란하게 된다. 그 모양은 〈그림 11〉을 보면 잘 알 수 있고, 또 브래그 산란의 조건식도 적혀 있는데, 이것은 그림의 기하학으로부터 금방 이해할 수 있을 것이다. 이 식에는 λ와 d와 θ의 세 변수가 있는데 그중 어느 하나라도 변하면 그때는 산란(반사)이 영이 된다.

이 조건이 잘 만족되었을 때의 반사율은 아주 높고 50% 이상의 반사를 얻을 수 있다. 예를 들면, 원자가 3.35Å 간격으로 배열한 인공 흑연(Graphite)에 파장 2.44Å의 열중성자를 충돌시켜 올바른 방위로 결정을 향하게 하면 입사 중성자 빔에 대하여 42.7° 방향으로 거의 80%의 반사율로 중성자가 산란된다. 이것을 이용하여 원자로 속에서 어떤 특정한 파장의 중성자만을 선정할 수 있으며 이것을 '모노크로미터'라고 부른다

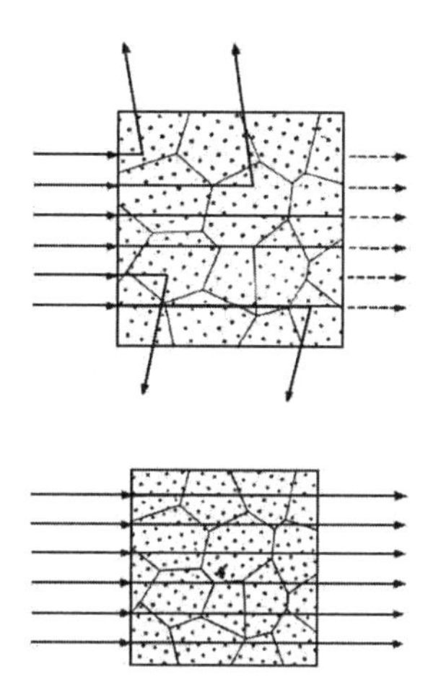

〈그림 12〉 결정을 압축하여 밀도를 높여 가면 갑자기 결정은 중성자선에 대하여 투명해진다

(〈그림 26〉 참조). 브래그 산란식으로부터도 알 수 있는데 파장을 어느 정도 이상으로 길게 하면, 즉 어떤 속도보다도 늦은 중성자는 이제는 결정을 어느 방향으로 향하게 하든 일체 산란은 일어나지 않게 할 수도 있다.

산란이 일어나지 않는다는 것은 중성자가 그 결정을 그대로 지나쳐 버린다는 것이다. 여기서 좀 직관적으로 이상하다고 생각할지 모르겠지만 흥미 있는 예를 들어보겠다. 여기에 구리 블록이 있다고 하자(그림 12). 여기에 일정한 파장의 중성자를 충돌시킨다. 이 금속은 여러 가지 방향으로 향한 작은 결정의 모임으로 되어 있으므로 마침 브래그 조건을 만족시키는 미결정(微結晶)과 만나면 중성자는 산란(반사)된다.

두꺼운 구리 덩이에서는 이런 기회가 상당히 있으므로 결국은 많이 산란되어 그대로 지나쳐 버리는 중성자가 오히려 적은

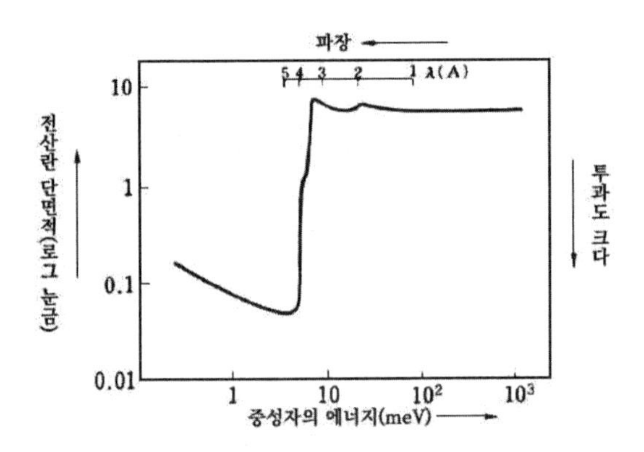

〈그림 13〉 덩어리 모양의 Be의 금속 투과도의 파장(에너지)에 의한 변화. Be 필터로 쓰인다

경우도 있을 수 있다. 여기서 압축기로 구리에 압력을 많이 걸어 원자 간 거리를 줄일 수 있었다고 가상해 보자. 당연히 '원자 밀도'가 늘어나므로 중성자 빔 중에는 보다 많은 구리 원자가 드러나기 때문에, 만일 입자상으로 생각하면 당연히 산란은 세지고 지나쳐 버리는 수는 줄어든다고 생각된다. 하나하나의 구리핵에 중성자 입자가 충돌하여 튕겨 나간다고 생각을 하면 당연히 그 대답이 나올 것이다. 그런데 이상하게도 원자 밀도가 증가하면 어떤 곳에서 갑자기 구리는 중성자에 대해서 투명하게 된다. 들어간 중성자는 아무 저항도 없이 거의 지나쳐 버린다.

이유는 간단하며 격자 간격 d가 가장 큰 것, 즉 *격자 상수(*결정격자의 주기성을 나타내는 데 사용되는 최소의 벡터. 〈그림 11〉의 a, b가 그것이다)를 a라고 했을 때, 2d=2a보다도 λ의 쪽이 커져서 아무리 해도 브래그 산란은 일어날 수 없게 된다. 이것은 파동성, 즉 중성자가 '물질파'인 것을 단적으로 나타낸다.

실제로 파장이 넓게 분포한 (백색) 중성자를 베릴륨이라는 금속 덩이에 충돌시키면 파장 4Å 이상의 중성자는 그대로 지나가고 그보다 파장이 짧은 중성자는 도중에서 산란되어 버리므로 이 원리가 중성자 필터로 실용되고 있다(그림 13). 보통 10㎝쯤의 블록을 냉각한 것을 사용한다. 나중에 얘기하는 중성자의 투시 촬영(15장)도 이 원리를 응용하고 있다.

맺음

얘기가 길어졌으므로 마무리를 지으면서 조금 보충하겠다.

'산란 단면적'이라는 것이 중성자라는 입자의 산란의 확률(타율)이라면 산란 길이라는 것은 중성자를 물질파로 보았을 때의 파동 진폭의 산란 비율을 말한다. 중성자가 결정으로 들어가면 그 파동은 각 원자핵의 산란 길이에 의거하여 구면파를 파생하므로 그 구면파가 서로 강화하든가, 약화하여 결정 전체에 걸쳐 합성하여 그 합성파의 제곱을 취해서 비로소 결정에 의해서 산란된 중성자의 '존재 확률(산란강도)'이 정해지게 된다. 입사 중성자에 대한 이 '산란강도의 비율'을 결정하는 것이 결정으로서의 '산란 단면적'이다. 즉, 먼저 산란파의 합성을 생각하고, 다음에 그 제곱을 잡고 강도를 어림한다.

이 합성 과정에서 산란 길이가 필요하게 된다.

6장 중성자의 에너지와 감속

어떻게 감속하는가

앞에서 원자핵 분열로 튀어나온 중성자는 수 메가전자볼트 (MeV=10^6eV)라는 높은 에너지를 가지고 있다고 얘기했다.

이 에너지는 속도로 환산하면 빛의 속도에 가깝다고 할 만큼 빠른 것인데 이제부터 얘기하는 물성물리학, 생물물리학, 공학 등에의 응용이라는 입장에서 말하면 이렇게 빠른 중성자는(특히 결정의 원자 배열을 흩어지게 하는 방사선 손상을 제외하고는) 그다지 쓸모가 없다.

따라서 보통은 먼저 감속재라고 부르는 재료로 에너지가 낮은 중성자로 바꾼다. 그 원리는 아주 간단하다. 고등학교 물리 교과서에 나오는 얘기인데, 질량이 같은 두 공을 충돌시키는 예이다. 먼저 한쪽은 정지시켜 놓고 다른 쪽은 어떤 속도로 정면충돌시켰다고 하자. 그러면 처음에 정지하고 있던 공은 움직이기 시작하고 달려온 공은 정지된다. 즉 이 두 공은 각각의 운동량과 에너지를 교환하며 그 결과, 처음에 움직이고 있던 공의 에너지는 줄었다. 이 처음에 정지하고 있던 공을 중성자와 같은 질량의 수소 원자핵으로, 운동하고 있던 공을 중성자로 비유하면 된다. 에너지를 얻은 수소 원자핵은 차례차례로 제2, 제3의 충돌을 하여 결국은 그 에너지가 없어져 버린다.

처음의 공을 가급적 움직이지 않게 하기 위해서는 수소를 아주 차게 해놓으면 된다. 그 이유는 수소핵이 가진 평균 운동에너지는 절대온도 T에서는 $mv^2/2=kT$(k는 볼츠만 상수)로 주어

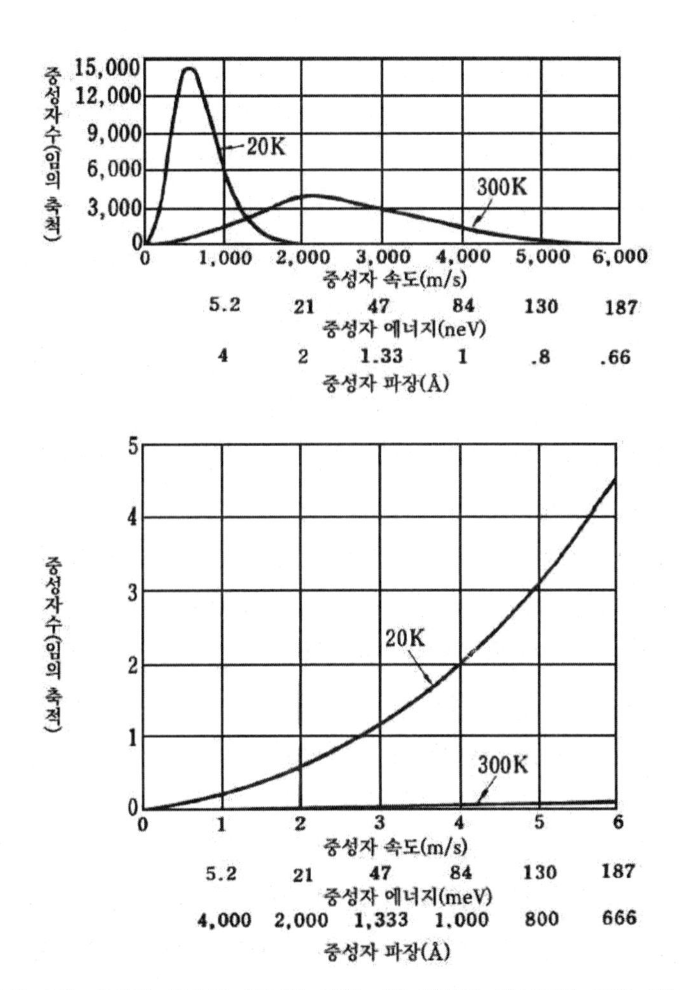

〈그림 14〉 중성자 가스의 에너지 분포. 위 그림에 중성자가 가진 에너지의 전 스펙트럼을 보인다. 실온(300K)에서는 평균 속도는 매초 2,350m인데, 분포 폭은 아주 넓다. 액체 수소의 온도(20K)에서는 분포 폭은 훨씬 좁고 평균 속도는 매초 약 600m이다. 아래 그림에서는 스펙트럼도 초 저에너지 부분이 1,000배로 확대하여 그렸다

지기 때문이다. 실제로 질량이 중성자의 그것에 가깝다는 면에서 말하면 수소핵이 가장 좋은 감속재인데, 수소는 상온에서는 기체이므로 감속재로서는 밀도가 부족해 불편하다. 그리고 수소는 단원자로 존재하는 일이 드물고, 적어도 H_2와 같이 분자 형태이거나 물(H_2O)과 같이 화합물 상태로 존재하므로, 실질적으로는 다소 질량이 핵과 같이 동작한다. 그 때문에 이 물은 감속 기능만으로 보면 성능은 약간 떨어지지만 밀도가 높기 때문에 실용 감속재로서는 싸게 먹어 흔히 사용된다. 결점이라면 조금 중성자를 흡수하므로 이런 점에서 중수 쪽이 좋다.

철저히 낮은 에너지로까지 감속할 필요가 없을 때는 수소를 함유하는 감속재 온도는 실온(앞에서는 40℃라고 했다)으로 두는 경우가 많다. 감속재 속으로 들어온 중성자는 감속재의 수소핵과 몇 번이나 충돌하여 에너지를 잃고 끝내는 그 온도와 열평형에 있는 단원자 기체처럼 동작한다. 이를테면 감속재 중에서는 그 온도를 가진 중성자 가스가 들어 있는 것과 같다.

〈그림 14〉에는 '중성자 가스의 에너지 분포'가 그려져 있다. 분포의 극대에 해당하는 에너지는 대략 평균 에너지에 가깝고 kT 정도이다. 이 극대를 중심으로 하여 분포는 폭을 가지고 있는데 그 폭도 개략적으로는 kT 정도이다. 따라서 중성자의 에너지가 결정되면 그 속도, 그것에 해당하는 온도 등도 결정되게 되므로 그중 어느 것으로 나타내도 된다.

중성자의 이름(〈표 2〉 참조)

이 에너지 영역에 따라서 위에서 '고속중성자', '열외중성자', '열중성자', '냉중성자', '초냉중성자' 등으로 이름이 붙여진다.

〈표 2〉 5종류의 중성자

에너지	속도	파장	온도	이름	
5MeV	~광속	—	—	고속 중성자	빛
1eV(1000meV)	13.8㎞/초	0.28Å	11600K	열외 중성자	
100meV	4.37㎞/초	0.904Å	1610K		
50meV	3.09㎞/초	1.28Å	580K		인공위성
30meV	2.40㎞/초	1.65Å	348K	열중성자	
10meV	1.38㎞/초	2.86Å	116K		초음속기
4meV	0.87㎞/초	4.52Å	46.4K		소리
1meV(1000μeV)	437㎞/초	9.04Å	11.6K	냉중성자	
100μeV	138㎞/초	28.6Å	11.6K		고속열차
1μeV	13.8㎞/초	286Å	0.012K		
0.3μeV	7.5㎞/초	522Å	0.003K	초냉 중성자	

그러나 이 이름들은 명확한 경계를 가지고 정의된 것이 아니라 오히려 습관적인 것이다. 〈표 2〉에 에너지, 속도, 파장 및 온도로 표시된 중성자의 이름을 나타냈다.

주먹밥으로 중성자를 차폐할 수 있을까?

차폐

'감속재'는 단지 고속중성자를 열중성자화하여 응용 목적에 알맞은 것으로 하기 위한 것만이 아니다.

앞에서도 얘기한 것처럼 원자로 안에서 '핵반응'을 일으키게 하기 위해서도 중요하며, 또 중성자라는 방사선을 차폐하는 데도 중요하다. 그 이유는 일반적으로 고속중성자에 대해서는 어떤 원소의 핵도 중성자 흡수의 단면적이 작으므로 감속해야만 비로소 카드뮴 등의 흡수가 유효하게 작용하여 중성자를 포획하기 때문이다.

전에 일본의 원자력선 '무쓰(むつ)'의 원자로에서 중성자선이 샌다는 사건이 있었다. 그때 붕사(붕소를 함유한다)와 함께 지은 주먹밥을 만들어 틈에 채웠다는 얘기를 들었다.

원자력 시대에 '주먹밥' 전술이라니 시대착오가 이만저만 심하지 않는가, 대체 무슨 소용이 있었는가 하는 사람도 있을 것이다. 그러나 밥에는 다량의 물(수소핵)이 들어 있고, 또한 물처럼 액체가 아니므로 짬을 메꿀 수도 있다. 이 '주먹밥'으로 감속시켜서 비틀비틀해진 고속중성자를 '붕소'라는 흡수체로 잡은 것이다.

여러 가지 감속 장치

감속재로 가장 잘 사용되는 것은 경수(H_2O)와 중수(D_2O)이며, 이것은 보통 미온(微溫) 정도로 유지되므로 열중성자를 꺼내는 데 흔히 사용된다.

이 '열중성자'가 물질의 원자 구조나 물성을 조사하는 데 가장 잘 사용되는 이유는 그 파장이 1Å 정도이고 X선에 의한 회절과 아주 비슷한 현상이 흔히 관측되기 때문이다. 그러나 연구가 점차 진척되어 더 정밀한 실험을 하고 싶다거나, 나아가 생체 고분자나 근육 운동의 기구 등까지도 조사해 보려고 하면 더 파장이 긴 냉중성자가 필요하게 된다. 이 목적을 위해서는 감속재 온도를 더 내려야 하는데, 물은 얼음이 되어 버려 감속 성능이 나쁘고 열 제거도 어려워 사용할 수 없다. 가장 좋은 것은 중수소 D_2(*최근에는 액체 수소도 효율이 좋고 유지하기 쉬우므로 재평가되어 잘 사용되고 있다)를 액체로 한 것이며, 이것

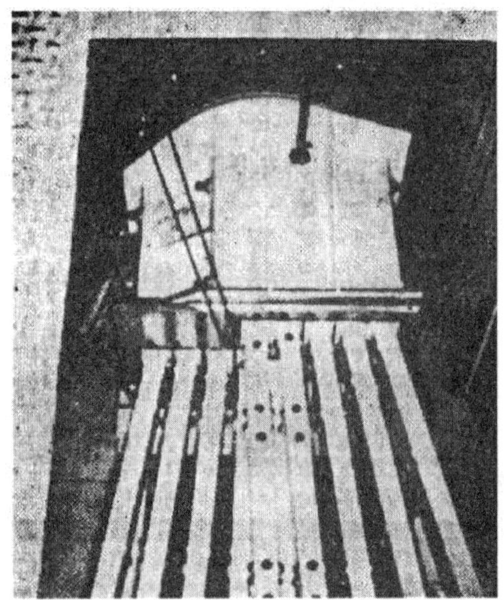

〈그림 15〉 감속용 액체 중수소 탱크의 모형(위)과 거기에서 꺼내는 중성자용 도관군(아래)(ILL연구소)

은 절대온도 약 20도, 즉 영하 250도로 해두어야 한다. 이것을 원자로 안에 넣어서 거기서 냉중성자를 꺼낸다. 〈그림 15〉에는 ILL연구소의 예를 보였다. 지름 약 50㎝의 알루미늄제 보온병 속에 이 액상 D_2가 저장되고 거기서 나온 냉중성자는 병으로부터 방사성으로 방출된다. 이것은 나중에 얘기하는 '중성자 도관(中性子導管)'이라는 파이프에 유도되어 원자로 밖으로 꺼내서 생체 고분자 등의 연구에 사용된다. 이 병을 원자로 속에 넣고 마이너스 250도로 유지한다는 것은 아주 어려운 일이며, 원자로 안에서는 주위로부터 강렬한 감마선이 비쳐서 열이 나고 있으므로 맹렬한 속도로 냉각기를 운전시켜서 냉각해야 한다. 마치 작열의 용광로 속에서 드라이아이스가 녹지 않게 유지하라는 것과 맞먹는다.

이보다 더 에너지가 낮은 중성자는 최근에 와서 처음으로 조금 많이 만들 수 있게 되었는데, 거기에는 절대온도 2도 이하로 유지된 액체 헬륨이 사용되는 일이 있다.

반대로 열중성자로는 약간 부족하여 좀 더 에너지가 높은 '열외중성자'가 필요한 일도 있고, 이 경우에는 지름 30㎝, 높이 30㎝의 용적을 가진 흑연 덩이를 2,000도로 유지한 것이 감속재로 사용된다. 열적으로 절연한 이 블록을 원자로 안에 두면 감마선에 의한 자기 가열로 2,000도의 고온으로 상승하여 거기에서 다량의 열외중성자를 꺼낼 수 있다. 이렇게 하여 ILL연구소의 원자로 속은 40도라는 온수 감속 풀(Pool) 속에 작열과 초한냉의 두 가지 지옥이 만들어져 있어 거기에서 세 가지 중성자가 나온다. 아주 고도한 기술이 요구된다는 것을 상상할 수 있을 것이다.

7장 냉중성자

찬중성자란

현재, 물성 연구에 가장 많이 사용되고 있는 중성자는 앞에서 금방 애기한 '열중성자'이다. 따라서 먼저 열중성자가 어떻게 물성 연구에 쓰이는가를 설명해야 하는데 그에 앞서 냉중성자나 초냉중성자 애기를 먼저 하겠다.

그 이유는 물성 연구에의 응용이 다소 전문적인 애기가 되는 것, 둘째로는 이 냉중성자가 장래의 연구에서 아주 중요한 것이라는 점이 인식되기 시작했기 때문에 먼저 이 애기부터 시작하겠다. 중성자를 점점 한없이 느리게 하면 초냉중성자가 되는데, 여기까지 오면 중성자의 이미지도 지금까지 애기해온 것과는 훨씬 달라진다. 현재로는 그런 느린 중성자를 아주 다량으로 꺼내는 데까지 이르지 못하고 있으므로 학문적으로도, 실용적으로도 응용은 아직 그렇게 많이 되지는 않고 있다. 다만 기묘한 성질을 가지고 있으므로 장래가 기대된다.

6장의 내용을 다시 상기해 보면 알겠지만, 먼저 파장이 거의 4 내지 30Å 범위에 있는 냉중성자에 대해서 조금 더 애기하겠다. 이 중성자는 속도로 말하면 매초 수백 미터 정도이므로 음속과 거의 같은 정도이다.

냉중성자의 생성과 방출

이것을 어떻게 만드는가는 앞에서도 애기했다. 실제로는 이 보통의 원자로 속에도 있으므로 꺼낼 수도 있다.

단지, 어쨌든 수가 적다. 원자로 안의 중성자의 속도 분포는 감속재의 온도로 대략 정해져 있고, 예를 들면 40℃의 보통의 원자로의 감속재 온도에서는 초속 2.4㎞의 속도의 것이 가장 많고, 매초 500m 정도의 것은 그 1/10밖에 안 된다. 이것은 〈그림 14〉의 분포 곡선을 보아도 알 수 있다. 이 냉중성자는 근년에 와서 많이 이용되게 되었으므로 이런 적은 수로는 부족하다. 더 늘려야 하는데 그러기 위해서 가장 좋은 것은 액체 중수소(중수가 아니고 중수소 가스를 냉각하여 액체로 만든 것이다)를 감속재로 사용하는 일이다. 그것은 절대온도 약 20도, 즉 섭씨로 영하 약 250도로 냉각한 지름 약 40㎝의 알루미늄제 보온병 속에 액체 중수소를 넣은 것이다. 핵연료로부터 핵반응으로 나온 고속중성자의 대부분은 일단 30도로 유지되어 있는 감속재로 감속되고, 다시 그것이 이 액체 중수소의 보온병 속에서 감속되어 그 속도 분포는 매초 600m 부근에 극대를 가지는 스펙트럼으로 변한다.

이렇게 해서 생긴 냉중성자를 원자로 밖으로 꺼내서 사용하게 되는데 그 꺼내는 방식은 아주 특이하다.

중성자용 파이버스코프…… 중성자 도관

거리의 백화점 장식에 파이버(Fiber)를 사용한 아름다운 일루미네이션을 간혹 보게 된다. 투명한 플라스틱 또는 석영 유리의 파이버의 한쪽 끝으로부터 빛이 들어가면 속에서 전반사하면서 빛이 지나가며 마치 빛은 직진하는 성질을 잊은 것처럼 구불구불한 파이프조차도 무사히 뚫고 나가서 다른 끝으로 나와 아름답게 빛난다. 현재 그것은 위카메라(胃 Camera)에 사용되거나 광통신에도 사용되려 하고 있다. 냉중성자 파동에 대해서도 마찬가지 파이프를 만들 수 있으며 이것을 '중성자 도관'이라고 부른다. 이 도관의 한쪽 끝을 원자로 속의 냉중성자용의 보온병 가까이에 가져가면(그림 15) 중성자는 설사 도관이 조금 휘어있어도 속을 뚫고 나가서 다른 끝으로 나온다.

이 도관은 플라스틱으로 만드는 것이 아니라 속을 진공으로 한 파이프이며, 대개는 유리로 되어 있고 그 내벽에는 니켈 도금이 되어 있다. 중성자의 파동은 미소하지만 매질이 변하면 그 전파 속도가 변한다. 즉, 마치 빛과 같이 굴절한다. 따라서 면에 닿을락 말락 입사한 중성자는 전반사를 일으킨다. 빛에서도 그렇지만 입사각이 어떤 임계각 θ^c 이하인 것처럼 면에 닿을락 말락 들어가면 전반사하고 θ^c 이상의 깊은 각으로 들어가면 벽 속을 뚫고 들어간다. 이 임계각에는 파장이 길수록 커지고 같은 파장이라면 매질의 원자 밀도가 높고 산란 길이(b)가 큰 것일수록 크다. 니켈은 b가 커서 θ^c가 크고 다소 큰 각도로 입사해도 잘 전반사하므로 유리 내면을 니켈로 도금한 것이 쓰인다(θ^c는 6Å의 중성자에 대해서 36′ 정도이다). 이 관의 구경(口徑)은 높이 10㎝, 폭 3㎝ 정도인데, 길이는 20~30m에서 긴 것은 150m에 이르는 것도 있다(권두 그림 참조). 이 관은 곡률반지름 수 킬로미터 정도로 완만하게 휘어 있어 곧바로 들어온 중성자는 반드시 적어도 한 번은 벽에 부딪히는, 즉 직시(直視)로는 건너쪽을 볼 수 없게 만들어져 있다. 왜 그렇게 하는가 하면 여기서 필요한 것은 냉중성자이고 보통 중성자가 섞여 들어오지 못하게 하기 위하여 파장이 짧은, 즉 임계각이 작은 중성자는 관벽을 뚫고 나가 밖에 있는 흡수재에 흡수시켜 관의 다른 끝까지 오지 못하게 하고 있다. 이런 도관을 '냉중성자원(冷中性子源)'에 1개만 다는 것은 경제적이므로 보통 몇 개를 방사상으로 배관한다(〈그림 15〉 참조). 이 관의 출구로부터 나온 중성자는 아직 단색화(單色化)되어 있지 않으므로 이것을 다시 모노크로미터(Monochromator) 결정으로 반사시키거나, 기계적인 회전자(回轉子)로 펄스 모양으로 잘라서 사용하거나, 꽈배기처럼 꼰 회전자로 거의 연속적으로 나가는(펄스적이 아닌) 단색 중성자 빔으로 만든다. 이런 냉중성자가 되면 속도가 느리고, 또 흡수재도 효율적으로 작동되므로 회절(回折)에 의한 것보다 오히려 기계적으로 단색화하는 쪽이 쉽게 된다.

이러한 냉중성자는 무엇에 사용되는가. 파장이 어떤 값보다도 길면, 더 정확하게 말해서 격자상수(格子常數)의 2배보다 길면 이제는 아무리 결정의 방위를 바꿔도 브래그 산란(Bragg 散亂)은 일어나지 않게 된다. 산란되지 않으니 중성자는 거의 그대로 지나쳐 버린다. 예를 들면 철이나 베릴륨 등에 대해서는 4Å 이상의 파장을 가진 중성자는 그대로 지나쳐 버린다(다만, 이보다 훨씬 파장이 길어지면 이번에는 어떤 다른 이유로 전반사하므로 중성자는 속으로 들어오지 않게 된다).

그럼 완전히 그대로 지나가는가 하면 실은 정확하게는 그렇지 않고 조금 산란되는데 그것은 나중에 얘기하는 '비탄성 산란(非彈性散亂)'에 의한 것과 또 하나는 '비간섭성 산란(非干涉性散亂)'이라는 형태로 빠져나간다. 이 '비탄성 산란'은 나중에 얘기하는 것과 같이 물질 내에서의 원자 운동을 조사하기 위하여 사용되는데 이러한 냉중성자를 사용하면 비교적 느린 운동 상태를 잘 알 수 있다. 그러나 냉중성자의 응용에서 첫 번째는

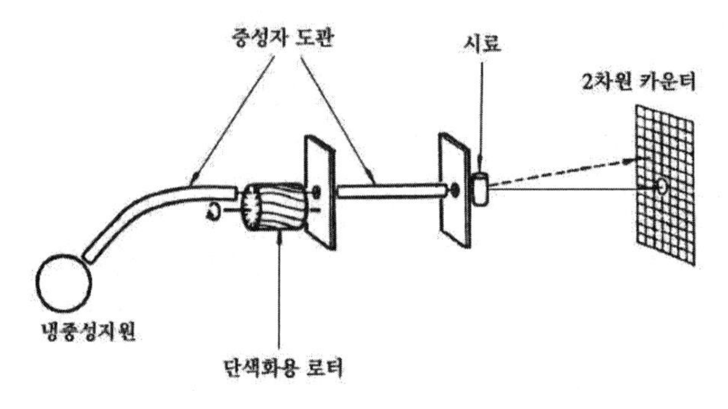

〈그림 16〉 중성자 소각 산란 장치의 개념도

생체를 형성하고 있는 큰 분자의 구조나 배열이며 특히 그것이 생체의 활성 기능과 어떻게 관계하는가를 조사할 수 있는 점에 있을 것이다. 실제로 1973년부터 가동하기 시작한 그로노블의 라우에-랑주뱅연구소(ILL라고 약칭)는 원자로를 중심으로 많은 산란 실험 설비가 설치되어 있는데, 그 중심 연구는 이 중성자 도관으로 얻어낸 '냉중성자에 의한 생체 고분자의 연구'라고 해도 과언이 아니다. 연구 테마도 해마다 늘어나서 지금은 전 연구소의 반수 가까이가 그런 생체 고분자의 연구에 종사하고 있다고 한다. 이 얘기는 나중에 다시 설명하겠다.

이러한 도관으로 꺼낸 중성자는 아주 산란각이 작은 곳에 산란이 집중적으로 일어나는 물질(생체 고분자도 그런데, 요컨대 격자 상수가 파장에 비해서 여전히 아주 큰 것이나 미립자와 같은 특정 원자 덩어리가 있는 것)을 조사하기 위하여 사용된다. 이 장치가 소각 산란 장치(小角散亂裝置)(그림 16)이다.

이 장치에서는 계수관을 산란중성자 방향으로 향하게 해서 넓게 각도를 변화시켜 추적하는 일은 하지 않는다. 도관에서 나와서 대략 단색화된 중성자를 시료에 충돌시키면 빔의 진행

〈그림 17〉 ILL연구소의 소각 산란용 2차 카운터

방향을 중심으로 하여 2~3도 이내라는 작은 각으로 '브래그 산란'이 나온다. 이러한 주기가 긴 100Å 정도의 주기로 배열된 구조를 연구 대상으로 한다. 그러므로 그런 시료를 알루미늄 통에 넣어도 알루미늄의 격자 상수는 4Å이므로 방해가 되는 반사는 용기에서 일체 나오지 않는다. 장주기 구조의 산란만이 강한 강도로 앞쪽으로 나간다. 이것이 몇 도의 방향으로 어떤 세기로 나오는가는 능률을 올리기 위해서 2차원 카운터(검출기)로 받는 것이 보통이다. 이 2차원 카운터는 지름 약 1m의 둥근 잠자리 겹눈같이 생긴 검출기이며, 어느 위치에 몇 개의 중성자가 날아왔는가를 즉시 기록 집적하게 되어 있다. 이것은 1개의 셀(Cell)에 1㎠의 카운터가 세로 방향과 가로 방향으로 64개씩 배열된 것이므로 4,096개로 이루어진 겹눈이다. 이렇게 하면 가로도 세로도 동시에 관측할 수 있으므로 시간 낭비를 없앨 수 있고 순간적으로 입체적?(평면적)인 영상을 잡게 된다. 산란각으로 몇 도까지 잡을 수 있는가는 이 복합 카운터를 시료에 어느 정도 가까이 대는가에 따라 결정된다. 2m까지 접근시기면 18도 정도까지 잡히는데 보통 10m라든가 때로는 50m나 멀리까지 놓을 수 있게 되어 있다. 물론 이 빈대떡 모양의 큰 2차원 카운터(그림 17)는 진공중에 설치되어 중성자가 도중에서 공기로 산란되어 약화되지 않게 설계되어 있다.

도관을 포함하여 이 덩치가 큰 장치가 놓인 모습은 장관이다. 이 카운터로는 6마이크로초마다 어느 번지에 몇 개의 중성자가 들어왔는가를 집계하여 각 번지에 축적될 수 있게 전기적 회로가 조립되어 있고, 마지막에 축적된 강도가 스테레오 투영적으로 브라운관에 비치게 되어 있다(예 : 〈그림 51〉).

8장 초냉중성자

느리게 달리는 중성자

지금까지 여러 번 중성자의 파장이 길어지면 철이나 알루미늄 등에서는 브래그 산란은 일어나지 않게 되고 상당히 많이 그냥 지나쳐 버리게 된다고 얘기했다.

더 파장을 길게 하면, 즉 더욱더 느리게 달리는 중성자에 대해서는 어떤 일이 일어나는가 알아보자.

예를 들면, 초속 6m로 느릿느릿 날아가는 중성자는 600Å이라는 파장을 가진 '물질파'이다. 이런 중성자는 입자상(植子像)으로 보면 여러분이 힘껏 달리면 따라잡을 수 있는 속도이고, 또 파동상(波動像)으로 말하면 가까스로 빛의 파장(수천 Å) 범위에 들어간다. 이런 중성자는 '초냉중성자(超冷中性子)'라고 부른다. 중성자가 많이 있는 상태는 가스에 비유할 수 있다. 온도 T에 놓인 가스 분자의 평균 운동 에너지는 $\frac{mv^2}{2}=\frac{3}{2}KT$로 주어진다는 것은 앞에서 얘기했다. 물론 v는 평균 속도, K는 볼츠만 상수이다. 따라서 평균 속도가 아주 느린 '중성자 가스'는 온도가 낮은 상태에 놓인 가스라고 말할 수 있다. 그런 의미에서 초냉(超冷)이라는 이름이 붙었다.

실온으로 유지된 감속재 속에도 이런 속도가 느린 중성자가 몇 개 있다(〈그림 14〉 참조). 그 수는 보통의 원자로 안에서는 1 ℓ 중에 100개쯤 된다.

다만, 보통의 열중성자는 10^{13}개 이상이다. 그러나 이 엄청나게 느린 중성자는 그야말로 놀랄만한 구실을 한다.

전반사

앞에서 냉중성자 이야기를 했을 때, 잘 닦인 면에 닿을락 말락 입사한 중성자는 그 임계각보다도 작은 각도로 입사하면 전반사한다고 얘기했다. 이 임계각은 중성자 파장이 길어지면 커지고, 끝내는 90도까지에 이른다. 이렇게 되면 이제 중성자는 어떤 각도에서 벽을 빠져나가려 해도 모조리 반사되어 절대로 벽 속으로 들어갈 수 없다. 병 속에 이런 중성자를 넣으면 그만 중성자 자신은 죽을 때까지 벽 밖으로는 나오지 못한다. 그 병은 구리병이어도, 유리병이어도 좋다. 또한 중력 때문에 그다지 높게 올라갈 수 없기 때문에 컵 속에 넣어둘 수도 있다. 또 반대로 외계로부터 이 병 속에 넣으려 해도 이런 중성자는 넣을 수 없다. 마치 베를린을 동서로 나누고 있는 벽과 같다. 앞에서도 얘기했는데, 이 임계각은 물질을 구성하는 평균 산란 길이 밀도(핵의 산란 길이와 핵의 밀도에 의한다)에 의해서 정해진다. 그 때문에 이 값이 큰 니켈로 벽을 만들면 가장 견고한 벽이 만들어진다. 예를 들면 매초 6m로 날아온 '초냉중성자'는 애써 발버둥 쳐서 니켈의 벽을 뚫고 나간다.

다만 70도 이하의 입사각으로 충돌하면 '탁' 튕길 것이다. 또는 어떤 물질이라도, 또 가령 파장이 짧고 빠른 중성자라도 임계각보다 작은 닿을락 말락한 각으로 입사시켜주기만 하면 전반사한다.

임계각이 90도 이상이라는 것은 면에 수직으로 입사한 중성자조차도 전반사한다는 것이며, 이때의 중성자 속도를 '임계 속

병 속의 중성자는 죽을 때까지 밖으로 나올 수 없다

도'라고 한다.

이런 사실과는 반대로 파장 또는 속도가 알려진 중성자의 임계각을 재서 벽을 구성하는 물질의 평균 산란 길이를 정확하게 결정할 수도 있다. 필자가 뮌헨에서 본 장치는 다음과 같이 흥미 있는 것이었다.

그것은 지금 얘기한 '산란 길이'를 결정하는 실험이다. 〈그림 18〉을 보기 바란다. 측정하려고 하는 것은 녹은 납이나 주석이나, 물과 같은 액체의 평균 산란 길이이며 이것을 임계각을 측정하여 결정하려는 것이다. 원자로는 뮌헨 공과대학에 있는 5 MW의 작은 원자로이다. 이 원자로에는 특히 냉중성자를 만드는 저온의 감속 장치(냉중성자원)가 없으므로 속도가 비교적 빠른 열중성자가 그대로 사용된다. 원자로에서 나온 중성자는 수평으로 날아가는 것만 통과하도록 정밀하게 조정된 슬릿(Slit)을

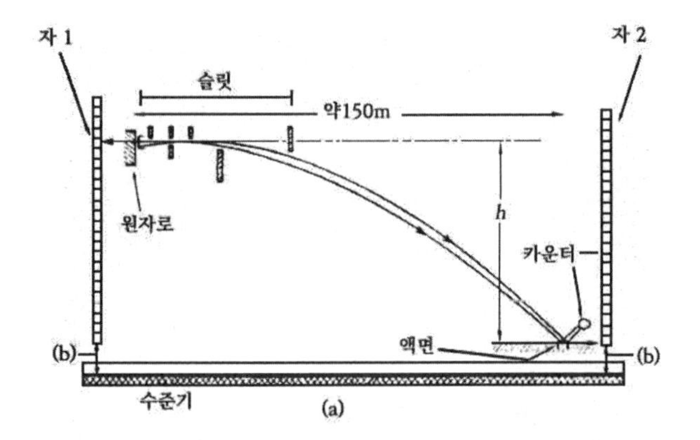

〈그림 18〉 산란 길이를 결정하는 실험

〈그림 19〉 150m나 되는 뮌헨 공과대학의 중성자 도관. 이 거리를 비행하는 동안에 중성자는 처진다. 숲속에 관측실이 있다. 도관이 햇볕의 열로 휘지 않도록 알루미늄박으로 싸고 있다

빠져나간다.

이 중성자는 비행 방향이 수평으로 가지런히 맞추어져 있는데, 수평 속도는 맞춰지지 않아도 된다. 이 수평으로 튀어나간 중성자는 단면이 세로로 긴 중성자 도관 속으로 들어가 무려

150m나 비행하게 한다. 물론 도관 내는 진공으로 유지되어 있다(그림 19). 150m 앞은 숲속인데 멧토끼가 뛰어다닐 만한 곳에 작은 관측소가 있고 그 안에 큰 대야가 있으며 거기에는 측정하려고 하는 액체가 들어 있다. 수평으로 튀어나간 중성자는 150m를 날아가는 중에 중력 때문에 조금씩 내려앉아 마침 대야에 담긴 액면에 닿을락 말락 하게 입사한다. 이 대야는 들어 올리거나 내릴 수 있게 되어 있다. 당연히 들어 올리면 입사각이 영에 가까운 중성자를 받게 되고, 내리면 입사각이 큰 중성자를 받게 된다. 원을 그리면서 낙하하는 중성자가 임계각 이하로 닿을락 말락 입사하면 전반사를 일으켜 액면에서 튕겨져 그 앞에 있는 카운터에 들어간다. 그러나 어느 정도 액면을 내리면 입사각이 임계각을 넘어서 반사되지 않고 액 속으로 가라앉는다. 이렇게 하여 액면 높이로 임계각이 정해진다. 이것은 마치 기슭에서 조용한 물 위에 납작한 돌을 던지면 물수제비가 떠지는 것과 비슷하다. 이렇게 보면 중성자는 마치 돌멩이 같은 입자라는 실감이 난다. 슬릿에 대하여 액면에 얼마만큼 내려갔는가를 어떻게 조사하는가 하면 그것은 150m나 되는 길이를 가진 수준기(水準器)로 정한다.

이 실험은 직접 초냉중성자를 써서 한 것은 아니다. 그러나 '연직 성분(鉛直成分)'만을 생각하면 이것은 틀림없이 초냉중성자와 같다. 왜냐하면 슬릿을 나오자마자 초속도(初速度) 영으로 물체를 떨어뜨리기 시작한 것과 마찬가지이므로 일정 거리를 내려왔을 때 얼마만큼 하강 속도가 생겼는가는 누구나 계산할 수 있을 것이다.

초냉중성자를 꺼낸다

초냉중성자는 아주 특별한 성질을 가지고 있기 때문에 많이 꺼낼 수 있다면 흥미 있는 응용이 기대되는데 지금은 어쨌든 수가 많지 않다.

그러나 초냉중성자의 기본적 성질을 조사하기 위해서는 그것을 꺼내는 것을 생각해야 한다.

앞에서 보통의 원자로 속에도 1ℓ 안에 100개 정도는 있다고 했다. 그런데 이것을 꺼내는 것이 문제이다. 보통 중성자를 꺼내려면 원자로 벽에 구멍을 뚫고 파이프를 끼워서 꺼내야 하는데, 실제로 구멍을 뚫으면 감속재인 중수가 새어버린다. 또 냉중성자는 흡수되기 쉬우므로 도관 속의 공기는 빼놓아야 한다. 따라서 알루미늄 창을 가진 한쪽을 막은 진공 파이프를 밀어 넣는다. 이렇게 하면 중수는 새지 않지만 중성자는 알루미늄을 뚫고 나온다. 그런데 초냉중성자는 그렇게 되지 않는다. 알루미늄에 대한 중성자의 임계 속도는 매초 3.2m이며 이것보다 느린 초냉중성자는, 가령 1/10㎜ 두께의 얇은 알루미늄 박(箔)이라도 전반사되기 때문에 절대로 속으로 들어가지 못한다. 즉 원자로 속에 있다 하더라도 꺼낼 방법이 없다.

그러나 어떻게든 속도가 거의 영인 막바지 중성자를 얻으려고 하는 과학자들이 있어서 다음과 같은 대책을 생각해 냈다. 조금 속도가 빨라도 좋으니 먼저 그런 중성자를 파이프 속으로 넣어 보고, 그다음에 속도를 늦추어 주려고 했다. 이것은 주로 소련 과학자들이 시도했는데, 이 파이프 끝에 '변환재(變換材)'라는 수소를 많이 함유한 재료를 채워 넣고 이것을 될 수 있는 대로 저온으로 냉각한다. 변환재라고 하면 거창하게 들리겠지만 대수롭지 않은 폴리에틸렌을 채우는 것만으로 된다. 여기에서 얼마간의 '초냉중성자'가 만들어지고 그것은 관 안쪽을 전반사하면서 나온다. 또 다른 방법은 뮌헨에서 슈타이엘씨가 사용했는데, 일단 들어간 조금 빠른 것을 '중력'에 의하여 감속하려는 것이다. 초속도(初速度) v로 위쪽으로 향하는 입자는 역학 법칙에 따라서 g를 중력 가속도라고 하면 v^2g의 높이까지는 올라가고 거기서 속도가 영이 되고 그 뒤는 자연적으로 낙하한다.

뮌헨의 원자로 속에는 연직형으로 S자 모양으로 굽은 중성자 도관이 꽂혀 있고 그 높이는 약 11m나 되며 관에 따라 탑이 만들어져 그 위쪽에 관측용의 작은 방이 있다. 마치 아래에서 던진 공을 위에서 잡아서 초냉중성자가 된 것을 조사하려고 하는 셈이다. 예를 들면 매초 6m의 속도를 가진 중성자는 1.8m 밖에 올라가지 못하므로 위에 있는 관측실까지는 올라오지 못한다. 그러나 초속(初速) 15m의 중성자는 마침 11m까지는 상승할 수 있고, 거기서 '초초냉중성자'가 된다. 더 초속이 빠른 것도 올라오지만 너무 빠른 것이 오면 11m 올라가도 아직 초냉중성자가 되지 못하고 측정에 방해가 되므로 그런 것이 와도 곤란하다. 그 때문에 S자형으로 관을 구부려서 도관 (구리 파이프의 안쪽 면을 연마하여 니켈 도금한 것)에 부딪치면 빠른 중성자는 관 안에서 전반사하지 않고 밖으로 새어 나가게 설계되어 있다.

중성자를 병 속에 저장한다

이 탑 위의 관측실에는 탱크가 있어서 그 속에 초냉중성자를 몰아넣고 뚜껑을 덮는다. 탱크 속에서는 밖으로 나갈 수 없는 중성자가 날아다니고 있다. 어느 정도 시간이 지나면 창을 열고 몇 개나 중성자가 남아 있는가를 세어 중성자 그 자체의 수명을 측정할 수 있다. 나중에 중성자를 저장할 수 있는 병의 한 예시를 사진(그림 23)으로 보여 주겠다.

터빈에 의한 중성자 감속

중력에 의한 중성자 감속 외에 임계 속도보다 다소 빠른 중성자를 원자로에서 꺼내서 터빈을 사용하여 감속시키는 방법도 있다.

이것은 세차게 부딪친 물이 물레방아를 돌린 다음에 기세가 죽어서 나오는 것과 같은 원리이다. 실제로는 지름 1.7m의 바퀴에 660개의 나이프형의 터빈 날개를 붙이고 그것이 약 매초 50m의 속도로 날아오는 중성자에 대하여 후퇴하는 방향으로 돌려 그 접선 속도는 매초 25m 가까이 되게 만들어진다. 이렇게 했을 때, 감속된 중성자의 속도는 가장 0m 가까이 되며 들어간 중성자는 세력이 죽고 훌떡 나오는 모양을 상상해 보자. 이것을 탱크에 저장하는 것은 앞에서와 같다. 이를테면 이런 중성자는 바닥이 깊은 컵 속에 넣어 두어도 밖으로 나오지 못한다. 중력을 거슬러 위로 올라갈 만한 에너지를 가지지 못하기 때문이다.

최근의 장치

지금까지 얘기해 온 초냉중성자를 얻는 방법은 착상으로서는 흥미롭지만 지금으로써는 조금 낡은 것이 되었다. 아무튼 더욱 더 많은 초냉중성자를 얻어내 정밀한 실험을 해보고 싶어지는 것은 당연한 일이며, 그러한 최신 장치는 앞에서 얘기한 ILL연구소 안에 만들어졌다.

ILL에서 현재 사용되고 있는 방법은 감속재로 액체 헬륨 ^{4}He를 쓰는 것이다. 액체 헬륨은 중성자를 적게 흡수한다는 점에서는 좋은데, 양성자에 비해서 질량이 4배나 크고 산란 단면적 밀도가 낮아서 그다지 좋은 감속재라고 볼 수 없다. 더욱이 원자로 안에서 그 끓는점인 절대온도 4.2도로 유지하는 것은 냉동기 능력이 쫓아가지 못해서 불가능한 일이다. 그래서 ILL에서는 이 액체 헬륨을 원자로 밖에 두고 거기에 도관으로 원자로에서 나오는 냉중성자를 끌어넣어 준다. 이때는 원자로 밖이 방사선에 의하여 가열되는 일도 없으므로, 진공 펌프를 써서 감압하여 절대온도 1도 수준으로까지 냉각시킨다. 이렇게 하면 헬륨은 상전이(相轉移)를 일으켜 '초유동상(超流動相)'이라고 부르는 새로운 상이 되어 초냉중성자를 만드는 감속재로는 꽤 뛰어난 것으로 변한다. 이것을 사용하면 초냉중성자의 농도를 지금까지 얻은 값의 100배 가까이 높일 수 있다. 그래도 1㎤당 겨우 100개 정도이다. 이렇게 하여 만든 초냉중성자를 용기 속에 저장해 놓으면 중성자가 가진 수명이나 더 기본적인 성질을 알아낼 수 있게 된다. 그러나 이 용기에는 실은 큰 문제가 있다.

벽이 없는 용기에 가둬 놓는다

지금까지의 얘기를 간단히 하기 위해서 중성자는 '임계 속도'보다 느리면 완전히 전반사된다고 말했다. 사실 그렇기는 하지만, 실은 조금은 벽 속에 파고든다. 그 깊이는 약 수백 Å 정도이다.

그리고 거의 흡수되지 않고 반사되는데, 실제로는 조금 벽과 상호 작용하는 것 같으며 금속 용기에 넣어 놓고 수명을 재면 뜻밖에도 겉보기에 수명이 짧다. 즉 벽과 충돌할 때마다 어떤 확률로 중성자가 없어진다. 실제로는 50초가 지나면 수가 1/10로 줄 정도이다. 다른 측정에서 수명이 약 1,000초(최근의 고정밀도 측정으로는 918초)라는 것을 알고 있으므로 이것은 정말 이상한 일이다. 여러분은 이렇게 느린 중성자라도 벽은 실온이므로 벽의 원자는 격렬하게 운동하고 있을 것이며, 이것과 충돌하면 초냉중성자는 금방 에너지를 얻어 열중성자가 되어 그 결과 벽을 뚫고 나갈 것이라고 생각할지 모른다. 상당히 전문적인 지식을 갖춘 사람도 때로는 이런 질문을 할 때가 있다. 자세한 것은 이론 계산으로 증명해야 하는데, 직관적으로 말하면 뒤에서 스프링으로 연결된 원자에 의한 중성자 산란 이야기에서 설명하겠지만 1개의 원자에 1개의 중성자 입자가 충돌한다고 생각하는 이미지가 잘못되어 있다. 초냉중성자는 아주 파장이 긴 파동이므로 벽의 '열진동 성분'도 이렇게 장파장의 진동 성분을 받아야 비로소 열에너지를 얻는다.

그러나 이것은 아주 약해서 도저히 실측된 것과 같은 감쇠 원인이 되지 않는다. 또한 중성자가 거의 물질 속으로 들어가지 않는다는 것도 영향을 준다. 결국 아직 완전히 밝혀져 있지 않지만 아마 표면에 흡착한 수소 분자에 의한 '비간섭 산란'(이것도 뒤에서 설명한다) 때문이라고 생각되고 있다. 그래서 정말로 수명을 측정하려면 벽이 없는 용기에 가두어야 한다.

'그런 마술 같은 일을 어떻게 할 수 있는가'라고 말하겠지만

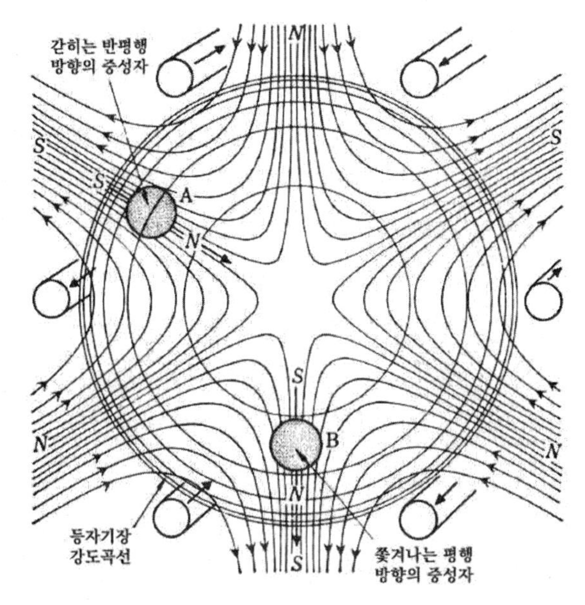

〈그림 20〉 육중극 자기장과 그 등자기장 곡선

실은 할 수 있다. 그것은 자기력선(磁氣力線)으로 만들어진 벽에 가두면 된다.

전에는 중성자가 전하(電荷)를 가지지 않기 때문에 전자와 달리 운동하고 있는 중성자를 자기장으로 그 방향을 바꿀 수는 없다고 생각했다. 그러나 중성자는 아주 약하지만 자기 모멘트를 가지고 있으므로 강한 자석에 조금이나마 끌리거나 물리치게 할 수 있다. 다만 보통 열중성자는 너무 빨리 달리고 있으므로 자기장으로 끌어들이는 효과는 거의 기대할 수 없다. 그런데 아주 느린 초냉중성자는 이 영향을 무시하지 못한다. 이때의 중성자는 자기장의 세기 그 자체가 아니고 자기장의 기울기에 의해서 힘을 받는다. 이것은 장난감 자석이라도 마찬가지여서, 작은 자석이 큰 자석에 끌리는 것은 큰 자석이 만드는 자기장의 세기 자체에 의하는 것이 아니고 자기장의 세기가 고르지 않기 때문이다. 그 증거로는 상대하는 자기극 면을 넓고 평행하게 만든 큰 전자석 속에, 쇳조각을 놓고 아무리 자기장을 세게 해도 어느 자기극에도 붙는 힘이 생기지 않는다. 그런데 자기장 세기가 곳에 따라 몹시 다른 곳에 작은 자석을 가져가면(자유롭게 회진하도록 놓으면) 강한 자기장이 있는 방향으로 끌린다. 이것은 그쪽이 에너지가 낮아지기 때문이다.

그러므로 단지 자기장이 세기만 한 벽을 만들어도 자기적인 용기는 되지 않는다. 자기적 용기로서의 벽은 자기장 세기가 심하게 변하는 울퉁불퉁한 길이어야 한다. 그러기 위해서는 〈그림 20〉과 같은 육중극 자기장(穴重極磁氣場)을 사용한다. 팔중극이나 십중극이어도 되는데, 아마 만들기 쉽고 목적 달성하는 데 충분하다는 이유로 육중극으로 낙착된 것 같다. 이렇게 하면 중심에서는 자기장은 영인데 중심에서 어느 방향으로 밀리든지 거리의 제곱에 비례하여 자기장이 세게 되어 있다. 그 속에 놓인 중성자가 어떻게 끌리는 건지 흥미 있는 일이다. 그것은 〈그림 20〉을 보면 곧 알게 된다. 흥미 있다는 것은, 지금 A 위치에서 중성자가 중심으로 향하는 힘을 받고 있으므로 이 중성자는 갇히게 되는데, 만일 그 중성자가 B와 같이 반대 방향의 자석이었다면 거꾸로 밖으로 밀려 나간다. 보통의 중성자〔편극(偏極)되어 있지 않다고 한다〕는 고전적인 장난감 자석과 달라 방향이 정반대인 스핀 자기 모멘트를 가진 것이 50%씩 함유되어 있다. 즉 스핀이 1/2이니, 양자역학의 법칙에 따라서 그 자기장 방향(양자화 축)에의 성분이 1/2이거나 -1/2인 어느 방향밖에 취하지 못하게 되고, 따라서 자기 모멘트도 (+)이거나

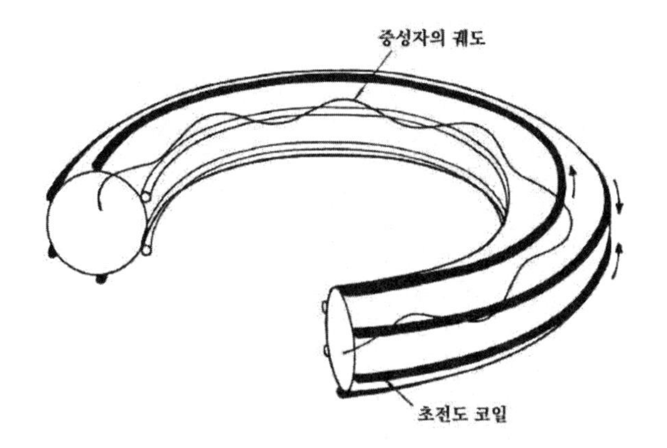

〈그림 21〉 육중극 자기장 발생용 도넛

(-)의 방향을 취하게 되고 중간 방향을 취하지 못한다. 결국 그 때문에 편극되지 않은 중성자를 자기장 기울기로 만든 벽이 없는 벽 용기['자기 보틀(磁氣 Bottle)'이라고 한다]에 넣으면 그 반은 새어버리고 나머지 반만 갇히게 된다. 실은 〈그림 20〉은 한 단면이므로 이것을 〈그림 21〉과 같은 도넛형으로 만들면 갇힌 중성자는 수명이 다할 때까지 속을 계속 빙글빙글 돈다.

여기에서는 코일에 강한 전류를 흐르게 하면 자기장 기울기가 만들어지는데, 도넛형으로 했을 때는 안쪽 두 선은 실은 불필요하다. 그것은 빙글빙글 도는 중성자에 원심력이 작용하므로 안쪽 자기장 기울기는 없어도 중성자가 빠져나갈 염려는 없다. 마치 서커스에서 그 통의 안쪽 벽을 따라 달리는 오토바이를 상상하면 된다.

또 하나 색다른 벽이 없는 자기 병(보틀)이 고안되어 있어서 서독에서 건설 중이다. 그것은 지구의(地球儀) 모양을 한 보틀이며 그 바깥쪽에 〈그림 22〉와 같이 3개의 코일을 감고 전류

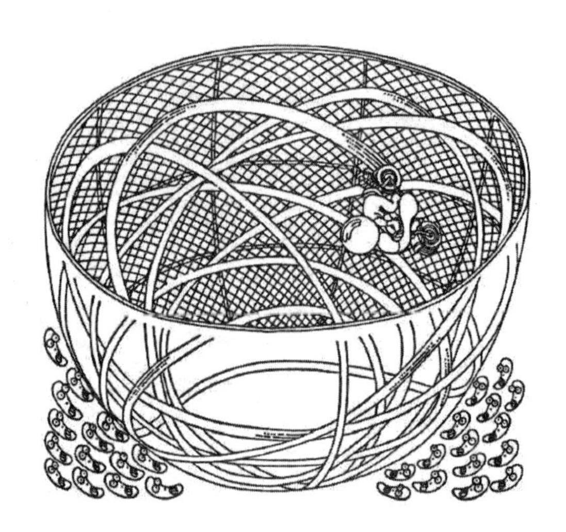

오토바이 서커스와 같으므로 중성자는 벗어나지 못한다

를 흘린다. 한 코일은 적도상에 감고 좌회전으로 전류를 흐르게 하면, 북극 주위와 남극 주위에 코일을 감아 여기에는 우회전 전류를 흐르게 한다. 그렇게 하면 지구의의 중심부에서는 자기장은 상쇄되어 영인데 중심으로부터의 거리의 제곱에 비례하여 어느 방향에 대해서도 자기장의 세기가 커지게 된다. 이 경우에 물론 지구의 껍질이 용기가 되는 것이 아니고 코일이 만드는 자기장이 벽이 없는 용기를 만든다. 이 속에 '초냉중성자'를 저장하는 데는 다음과 같이 한다. 먼저 지구의 속도 코일도 모두 액체 헬륨(^{4}He)에 담가 둔다. 코일은 초전도선(超電導線)이므로 그것을 작동시키는 데도 필요하다. 다시 보틀 속은 ^{4}He의 압력을 낮추어 초유동 상태라는 상태(절대온도 2.3도 이하)로 한다. 이 용기를 향해 약 10Å의 파장을 가진 '냉중성자'를 중성자 도관을 써서 넣어 준다. 10Å의 냉중성자는 액체 헬륨 코

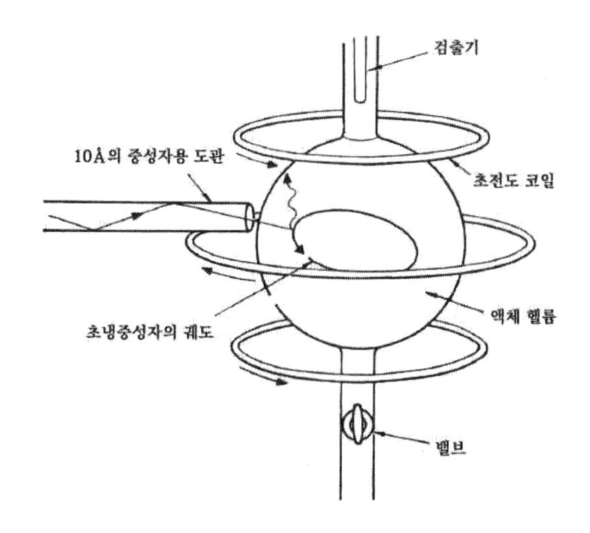

〈그림 22〉 초유동 상태의 ^{4}He 를 감속재로 사용한 초냉중성자 발생조와 그 것을 가두는 자기적 보틀(병)

일이나 용기를 쉽게 뚫고 나아가 보틀 중심에 들어간다. 거기서 초유동 상태인 ^{4}He(헬륨)에 열을 가하고 자신은 냉각되어 초냉중성자가 된다. 여기서 코일에 전류를 흐르게 하면 자기적인 보틀이 만들어지고 중심부에서 생산된 '초냉중성자'는 '자기적인 벽'의 용기 내에 갇히게 된다. 갇힌 중성자는 마치 원자 모형의 전자 궤도처럼 타원형 궤도를 그리면서 빙글빙글 돌고 있는 것으로 생각된다. 그래서 충분히 초냉중성자가 생산되었을 때를 가늠하여 마개를 뽑고 속에 있는 액체 헬륨을 따르고 속을 비워 준다. 그렇게 하면 어떻게 될까. 소쿠리 속에 미꾸라지를 건진 것처럼 '초냉중성자'만 잡힌다.

중성자의 수명

이런 중성자는 아직 수가 적기 때문에 크게 응용하는 데까지는 이르지 못하고 있지만, 현재 가장 관심이 쏠리고 있는 것은 수명 측정과 중성자에 '전기 쌍극자 모멘트'가 있는가 없는가를 조사하는 것 두 가지이다.

수명 쪽은 앞에서 얘기한 것처럼 벽 없는 용기에 넣어서 시간이 지남과 동시에 그 수가 얼마나 주는가를 조사하면 된다. 이 수명이란 핵분열하여 이 세상에 태어나서부터의 수명인데, 그것은 몇 분 몇 초 지나면 일제히 죽는 것이 아니고 사람과 마찬가지로 오래 사는 것도 있어서 측정하려는 것은 평균 수명이다. 현재 918초 ±14초로 그다지 정밀도는 좋지 않지만 아무튼 구해졌다. 수명은 15분 남짓이다.

중성자에 전기 쌍극자 모멘트는 있는가

또 하나 과학자가 기를 쓰고 연구하고 있는 문제에는 이 '전기 쌍극자' 유무의 문제가 있다.

중성자가 전하를 갖지 않는다는 것은 이제까지 여러 번 강조했다. 아무리 작은 전하도 갖지 않는가 하면, 적어도 현재의 아무리 정밀한 측정을 통해서도 갖지 않는다고 할 만큼 확실하게 영이다. 그런데 만일 (+)와 (-)의 전하가 같은 양만큼, 그러나 장소는 조금 다르게 존재한다고 하면 어떻게 될까. 역시 중성자 1개는 여전히 전하는 영이지만, '전기 쌍극자 모멘트'는 생기게 되고, 그 크기는 (±)의 두 전하와 그들의 거리의 곱으로 나타난다. 자기적으로는 모멘트가 있었으므로 이번에는 '전기적 모멘트'가 있는가 어떤가 하는 것이다. 이에 대한 답은 현재까지의 측정으로는 '노(No)'라고 하겠는데, 영이어야 한다는 확증

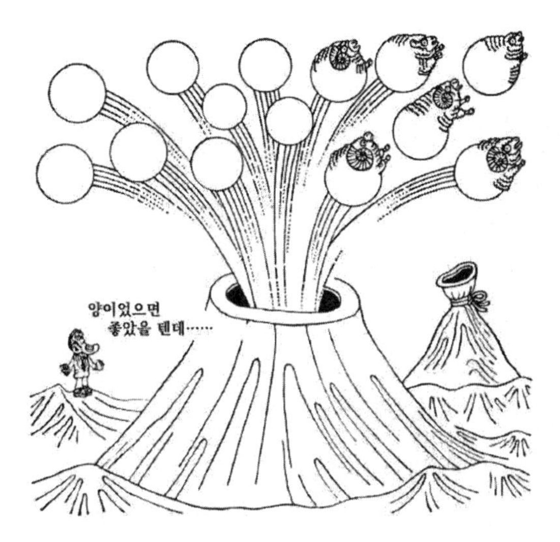

'시간 반전의 대칭성'을 알기 쉽게 말하면……

은 없고 오히려 그것이 있는가 없는가는 중성자 그 자체의 본성을 알게 될 뿐만 아니라, 크게 말해서 이 자연계에 존재하는 물리 법칙의 근본 문제에 관련되는 중요 사항으로 놓칠 수 없는 문제이다. 그리고 그것을 조사하는 데는 '초냉중성자'가 가장 적합하다.

여기서 말하는 물리법칙이란 어려운 말로 하면 '시간 반전 대칭성'이 성립되는가 어떤가 하는 것이며, 소립자 물리학에서는 이것과 '반전성(Parity)'의 대칭성과의 두 가지가 중요한 대칭성이 되어 있다. '시간 반전의 대칭성'이란 시간이 만일 반대로 진행했다고 했을 때, 어떤 물리적 상태든 법칙이 그대로 성립하는가 어떤가 하는 것이다. 고전적인 예에서 흔히 인용되는 뉴턴(Isaac Newton, 1642~1727)의 운동방정식은 시간의 방향을 거꾸로 해도 성립된다. 그러나 기체의 자유 팽창은 성립되지 않는 예이다. 목장 울타리 속에서 기르던 양 떼는 울타리를 열어 주면 넓은 목장의 이곳저곳으로 흩어져 가다가 저녁이 되면 모두 되돌아온다. 이것은 양이 생물이기 때문이다. 가두어 놓은 기체의 경우에는 문을 열어 진공 중에 내보면 그것으로 끝이고 저절로 되돌아오는 일은 우선 있을 수 없다.

그것은 기체가 서로 좁은 곳에서 북적거리는 것보다 널찍한 곳에 있는 상태 쪽이 확률적으로 일어나기 쉽기 때문이다. 거시적(巨視的)인 현상에서 이러한 확률 과정을 포함하는 것은 대개 시간 반전의 대칭성을 가지지 않는다. 그러나 중성자와 같은 소립자는 이것에 대해서 잘 알려져 있지 않다. 그럼 왜 '전기 쌍극자 모멘트'를 측정하면 시간 반전의 대칭성이 성립하는가 아닌가를 알 수 있는가? 그것은 간단히 다음과 같이 생각하면 알게 된다. 중성자는 각운동량(角運動量)을 가지고 있으므로 이것은 어떤 축 주위를 돌고 있는 지구와 같은 것이라고 생각하면 된다. 만일 (+)와 (-)의 전하가 적도상(赤道上)에 1쌍이 있다고 하자. 이때는 빙글빙글 돌고 있으므로 겉보기에는 '전기 쌍극자 모멘트'는 나오지 않게 된다. 마찬가지 일은 적도면상의 어디에 1쌍의 전하가 있어도 같고, 또한 적도면상이 아니고 더 일반적으로 어떤 위도에서 통째로 자른 면 위의 어디에 있어도 같다. 그러나 만일 전하가 (+)가 북극에, (-)가 남극에 있다고 하면 이것은 중성자가 아무리 빨리 자전해도 그대로 남아서 겉보기로는 전기 쌍극자 모멘트가 있는 것처럼 보인다. 즉, 전기 쌍극자 모멘트는 만일 있다고 하면 남북 방향으로 향하고 있을 것이 틀림없다. 그 방향은 중성자의 자기 모멘트와 같은 방향이거나 그 반대 방향이어야 한다. 가령, 먼저 같은 방향으로 향하고 있다고 하자. 이것은 어떤 인형이 올바르게 '전기 쌍극자'라는 옷을 입은 상태에 비유할 수 있다. 여기서 시간을 반전시켜 보자. '자기 모멘트'(또는 스핀의 방향)는 시간과 더불어 어떤 방향(우회전이면 우회전)으로 돌고 있는 양에 대응하여 생기는 것이므로 시간을 반전시키면 이것은 반대 방향이 된다. 즉 인형은 발과 머리 방향을 바꾼다. 그런데 전기 모멘트 쪽은 빙글빙글 도는 것에서 생긴 것이 아니므로 설사 시간을 반대로 해도 그대로이다. 즉, 시간을 반대로 하면 인형의 알맹이만 방향이 변하고 옷은 그대로라는 옷을 거꾸로 입은 인형이 생긴다.

즉, 시간을 거꾸로 하면 다른 별난 인형이 만들어지는데, 이것은 시간 반전의 대칭성이 성립하지 않는 현상을 의미한다. 그러므로 이 세상에서 시간 반전의 대칭성이 성립한다면 인형은 언제나 벌거벗은 채로 있어야 하며 옷이라는 '전기 쌍극자'가 있어서는 안 된다.

이 '전기 쌍극자'는 오래전부터 유무를 검증하려고 시도되어 '아무래도 없는 것 같다'는 것이 밝혀져 있었다. 그러나 사물을 모두 의심하는 눈으로 보는 물리학자들은 여간해서는 미적지근한 것으로는 납득하지 않는다. 결국, 측정법이 나빠서 정밀도가 부족하다고 해서, 그렇다면 더 자세히 조사할 수 있는 '초냉중성자'를 알아보려고 했다.

그 이전의 측정에서는 비교적 속도가 빠른 중성자가 검사 대상으로 쓰였다. 그러나 빨리 날고 있는 중성자 양은 도대체 미인인지 아닌지 잘 모르므로 가급적 천천히 걸어가는 것이 좋다. 될 수 있으면 패션모델처럼 자기 보틀이라는 무대를 몇 번이나 천천히 왔다 갔다 해주는 것이 진짜 판단을 하기 쉽다.

〈그림 23〉 초냉중성자의 전기 쌍극자 모멘트 검출기(ILL연구소)

실제로는 이 느린 중성자의 통로에 강한 전기장을 걸어준다. 그렇게 하면 미소하게나마 머리와 발을 각각 전기장의 (+)와 (-) 방향으로 향하려고 하여 그렇지 않은 잘못된 방향으로 향한 중성자 사이에 에너지의 차가 생긴다. 이것을 일종의 '자기적인 공명법'을 이용하여 검지한다. 이 시간 반전의 대칭성 체크는 중성자에 한하지 않고 다른 소립자에 대해서 하는 것도 원리적으로 가능하지만, 중성자로 하는 것이 각별히 정밀도가 좋으므로 주로 중성자로 한다. 현재 '중성자의 전기 모멘트'의 존재는 아직 부정적이다. 그러나 그 범위는 자꾸 좁아져서 현재로는 전자가 가진 전하와 같은 세기의 (+)·(-)의 전하가 D㎝ 떨어져서 쌍극자 모멘트를 만들고 있다고 나타내면 D로서 3×10^{-24}㎝가 한계값이며 적어도 이 이상의 크기의 모멘트는 없다는 것이 알려져 있다.

중성자의 지름은 대략 10^{-13}㎝이므로 (+), (-)의 전하가 만일 어떤 거리를 두고 존재한다고 하면 이 1000억 분의 1 이하 이어야 한다. 이것은 아직 저장한 중성자를 측정한 것이 아니므로, 만일 저장한 중성자로 장시간 측정할 수 있으면 그보다 더 100분의 1의 거리까지 유무를 추적할 수 있을 것이라고 해서 현재 ILL연구소에서는 그 작업을 하고 있는 중이다.

〈그림 23〉은 전기 쌍극자를 측정하는 장치이다. 왼쪽 파이프로부터 진공으로 된 병의 중앙부에 '초냉중성자'를 넣은 다음에 파이프를 닫는다. 중앙의 극판은 석영관(石英管)을 사이에 놓고 아주 대하고 있고 이것이 중성자를 저장하는 병이 되어 있다. 그 속에 있는 중성자에 고전압을 건 상태에서 중성자의 자기적 공명을 일으키게 하고 그 공명 진동수의 변화로부터 '전기 모멘트'의 유무를 알아내려는 것이다.

냉중성자를 어디까지 자유롭게 다룰 수 있는가… 중성자를 렌즈로 모은다

초냉중성자는 그 속도가 느리기 때문에 상당히 자유롭게 다룰 수 있다고 했다. 예를 들면 자기장으로 만든 보틀 속에 가둘 수 있는데, 그때의 자기장은 물론 작은 장난감 자석 같은 것으로 되는 것은 아니다. 몇만 가우스(장난감 자석은 00가우스 정도)라는 자기장이 필요하며 거기에는 초전도 자석이 쓰인다.

그러나 자기장을 쓰지 않아도 중성자의 진로를 휘게 할 수 있다. 전반사나 중력장도 그중 하나이다. 그럼 렌즈는 어떤 가. 빛이 렌즈로 모이는 것처럼 중성자도 렌즈로 모일까.

답은 원칙적으로는 가능하다. 원칙적이라고 한 것은 가령 이것이 된다고 해도 전반사에 비하면 진공 중이 아니고 물질 속을 통과하게 되므로, 뭐니 뭐니 해도 렌즈 속을 통과할 때 흡수나 산란(빛으로 말해 난반사 같은 것)이 일어나서 강도가 줄기 때문이다.

특히 굴절을 일으키기 쉬운 냉중성자는 물질 내에서 흡수하기 쉽게 되므로 렌즈는 가급적 얇게 만들어야 한다. 이 렌즈의 작용이라는 것은 구면상(球面狀)으로 만곡된 맞댄 곡면 사이에 굴절률이 다른, 종류가 같지 않은 매질을 두면 되고 빛뿐만 아니라 다른 파동에 대해서도 렌즈를 만들 수 있다. 예를 들면, 얇은 고무막을 붙인 북 속에 탄산가스를 넣어 부풀게 하여 탄산가스로 만든 렌즈는 음에 대해서 렌즈가 되므로, 한쪽 축 위에 시계를 놓고 다른 축 위에서 초점을 맺는 위치에 귀를 대면 딸깍딸깍 소리가 거기서만 잘 들린다. 중성자용 렌즈가 크고 좋은 것이 만들어지면 원자로에서 나오는 중성자를 그다지 버리지 않고 유효하게 실험에 쓸 수 있는데, 어쨌든 '열중성자'의 굴절률은 어떤 물질에 대해서도 거의 진공과 같은 1에 가까워서 만일 만들었다고 해도 아주 긴 몇백 m나 되는 초점 거리를 가진 렌즈가 되어버린다. 그러므로 중성자를 어떤 초점에 모으려고 생각하면, 역시 반사법 쪽이 좋고, 또한 앞에서 얘기한 것 같은 자기장 기울기에 의하는 것이 좋은 것처럼 생각된다.

만일, 이 집광(?)이 실현되면 빛이 아닌 중성자 현미경도 만들 수 있고, 그것은 지금까지 보지 못한 세계를 우리 눈앞에 소개해 줄지도 모른다. 지금 이 연구는 서독에서 이루어지고 있다.

중성자의 간섭

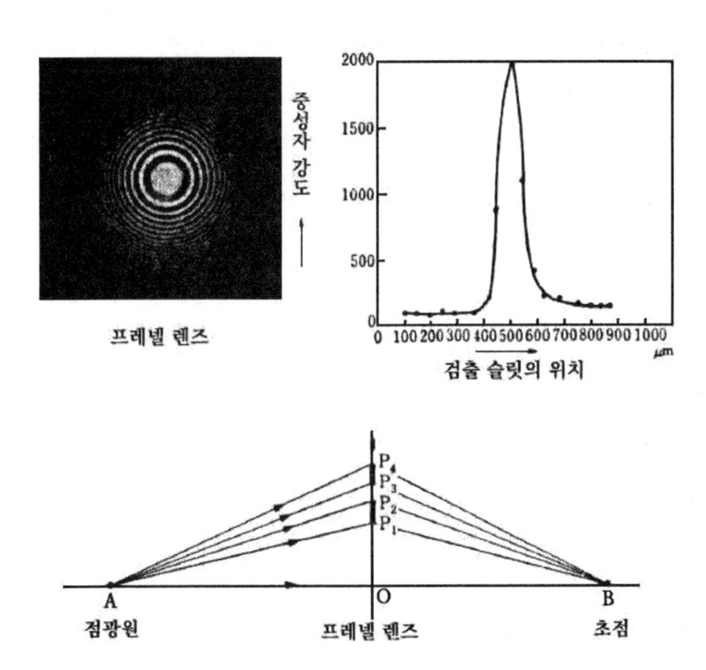

〈그림 24〉 프레넬 띠에 의한 렌즈 효과의 설명도. AOB로 직진하는 빛에 대하여 AP_1B~AP_2B와 같은 우회하는 경로를 지난(회절) 빛은 반파장 가까이 벗어나므로 B점에서 강도를 상쇄하게 동작한다. AP_2B ~AP_3B 간을 지나는 빛은 1파장 정도가 벗어나므로 이것은 강화하는 것처럼 동작한다. 따라서 상쇄하도록 동작하는 경로를 없애고 막아주면 오히려 B점은 밝아진다. 이것은 마치 렌즈처럼 작용한다

중성자가 파동인 이상 대략 빛에 관한 여러 가지 실험에 해당하는 것은 거의 모두 중성자에서도 실현시킬 수 있다. 여기에서 두세 가지 그런 예를 소개하겠다.

하나는 '프레넬 띠'라는 것을 이용한 어떤 종류의 렌즈이다. 〈그림 24〉에 보인 것 같은 동심원(同心圓)으로 그림처럼 하나 걸러 고리를 검게 칠한 도형을 유리판에 프린트한다. 이것을 빛의 점광원 A로부터 어떤 거리가 떨어진 위치에 세우면 반대쪽 축 위에 있는 점 B에 빛이 강한 점(스폿)이 생긴다. 잠시 생각하면 검게 칠한 고리 부분만 빛이 차단되므로 이런 장애물을 놓지 않는 것이 B점이 밝아질 것 같이 생각되는데 사실은 반대이다. 이것은 검게 칠한 부분을 지나는 광파는 오히려 간섭에 의하여 B점에서의 빛을 약화시키게 작용하고 있기 때문에 그 장애를 제거해 주면 오히려 밝아지기 때문이다.

마찬가지 일을 중성자에서도 실험할 수 있다. 조금 파장이 긴 것을 사용하는 편이 실험하기 쉽기 때문에 20Å의 중성자를 사용한다.

프레넬 띠 렌즈를 만드는 데는 중성자를 잘 투과시키는 실리콘판에 중성자를 다소 투과하기 어려운 구리(실은 카드뮴이 좋은 데)를 써서 사진 인화로 프린트한다. 고리 지름은 2㎜ 정도로 작다. 〈그림 24〉와 같이 AB 사이는 10m나 떨어져 있다. 초점이 맺어졌는가 아닌가는 B점에서의 카운터 앞의 슬릿을 위아래로 이동시키면 되고 그림과 같이 중성자의 집광(?)이 실증되었다. 만일 집광되지 않았다고 하면 슬릿을 이동했을 때 날카로운 피크를 볼 수 없었을 것이다.

또 하나 간섭 효과를 나타내는 예를 든다. 〈그림 25〉에 보인

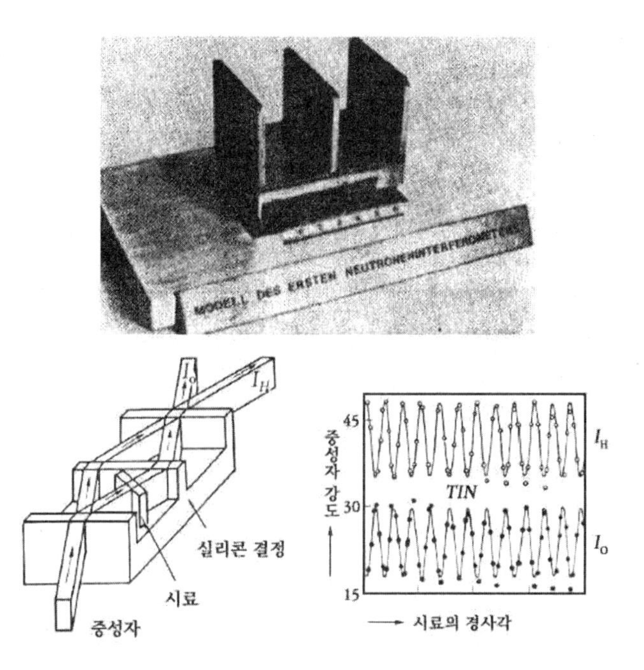

〈그림 25〉 중성자 간섭계(위). 그 설명도(왼쪽 아래) 및 주석판에 의한 측정례(오른쪽 아래). 시료를 기울이면 1장씩 벗어난 것에 대응하여 간섭효과 때문에 강도에 강약이 생긴다. 중성자가 파동이라는 것을 여실히 보여 주는 보기

것은 '중성자 간섭계'이다. 크기는 7㎝에 가까운 실리콘의 단결정으로 된 것이다.

보통은 단결정이라고 해도 다소 원자가 배열된 열에 단층이 있기도 하는데, 이것은 그런 것이 없는 완전한 단결정이다. 이 결정에 그림에서 본 것처럼 같이 앞쪽에서 중성자 빔을 넣어주고 첫째 판에서 '브래그 산란'을 하게 한다. 그렇게 하면 산란파와 투과파로 나뉘어 진행되는데 중앙 판에서 다시 브래그 산란이 일어나므로 이번에는 나눠진 빔이 함께 되게 진행하여 마침 셋째 판 속에서 합체한다. 오른쪽을 지난 파동도 왼쪽을 지난 파동도 같은 위상으로 셋째 판에서 합체하고 다시 둘로 나뉘어 진행한다. 그런데 어느 한쪽 경로에 이물(시료)을 놓으면 이물 속을 중성자는 다른 속도로 진행하므로 합체했을 때 위상에 차이가 생긴다. 예를 들면 그림에 보인 것과 같이 판 모양의 시료 빔에 대한 기울기를 연속적으로 바꿔주면 시료 내를 지나는 빔의 도정이 변하므로 셋째 판을 나오는 데서 간섭에 의한 강도의 진동이 나타난다.

그것을 〈그림 25〉에 나타냈다. 이 간섭계의 정밀도는 굉장하다. 예를 들면 이 판과 판 사이의 자유 공간(약 7㎝)을 날아가는 중성자의 소요 시간은 (1.7Å 파장의 중성자를 썼을 때) 30마이크로초 정도이다. 이 시간 동안에는 결정은 조용히 미동도 하지 않게 두지 않으므로, 만일 진동이 있으면 위상이 달라져 곤란하게 된다. 특히 수직축 주위에 회전이 있으면 좌우의 경과 궤적에 차가 생긴다. 어쨌든 1.7Å의 차가 생기면 안 되므로 이것은 지구 자전에 의한 경로 차가 문제가 될 만한 정밀도가 되어 있다.

현재로는 이 간섭계는 중성자에 대한 물질의 굴절률을 계산하는 데 쓰이는 정도이지만 유용한 용도가 열릴 가능성이 있다.

2부

중성자의 응용

9장 물질계의 미시적인 구조를 살핀다

결정의 구조를 조사한다

중성자를 써서 물질 내의 원자의 배열 구조를 알아내려면 그 나름의 준비가 필요하다. 이 장치가 '중성자 회절 장치'(그림 26)이다.

원자로 벽에 구멍을 뚫으면 거기에서 중성자가 많이 나온다. 그것을 '중성자속(빔)'이라고 하는데, 그 속에는 예를 들면 1.6 Å 정도의 파장을 중심으로 짧은 파장의 것도 긴 파장의 것도 섞여 나온다. 또는 매초 2.4㎞ 속도의 것을 중심으로 빠른 중성자도, 느린 중성자도 섞여 나온다고 해도 될 것이다. 이대로의 중성자로는 안 되므로 보통 일정한 파장의 중성자만을 그 속에서 선별한다. 예를 들면 1.65Å의 것만 꺼내고 나머지는 버린다. 이 단일 파장의 중성자는 빛의 색깔로 표현하면 단색에 해당하므로 '단색화된 중성자'라고 부른다. 이것을 시료(결정)에 쬐이면 특정한 산란각 2θ 방향으로만 중성자가 산란되므로 그것을 카운터(BF_3이 들어 있는 통)로 측정한다. 원리는 X선과 아주 비슷한데, X선의 경우는 특정 파장의 X선을 처음부터 발생시킬 수 있으므로 중성자인 경우처럼 단색화 장치(모노크로미터라고 한다)는 보통 필요 없다. 또한 X선은 납이 좋은 차폐체가 되므로 간단하게 빔의 경로를 정하는 슬릿을 만들 수 있거나 카운터를 차폐할 수 있는데, 중성자는(특히 고에너지의 중성자는) 차폐가 어렵고 파라핀이나 콘크리트 등으로 두껍게 차폐하지 않으면 모처럼의 카운터에 옆구리로 들어가서 진짜 측정

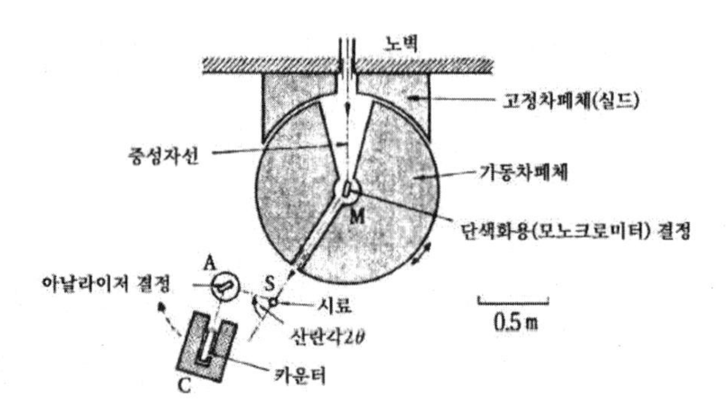

〈그림 26〉 가장 많이 사용되는(3축형) 중성자 회절 장치. 원자로에서 나온 백색 중성자선은 모노크로미터 결정 M에 의한 반사로 단색화되어 시료 S로 향한다. 여기서 아날라이저 결정 A 방향으로 일부가 산란되고 A에서 다시 브래그 반사되어 카운터 C로 들어간다. 에너지 변화를 조사하지 않을 때(즉 X선 회절과 같은 사용법일 때)는 SAC가 일직선이 되도록 C를 회전하여 A를 떼어내고 사용한다. A, C는 모두 S를 중심으로 회전할 수 있다. S 자체도 회전될 수 있다. 사용하는 파장을 바꾸고 싶을 때 SAC는 가동 차폐체와 함께 M 주위를 회전시켜 세트 한다

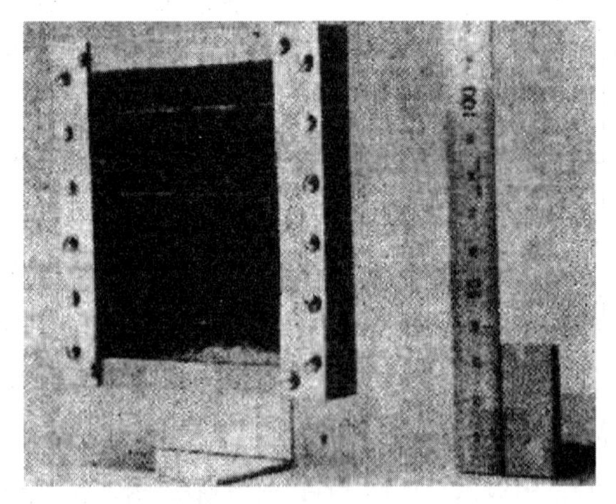

모노크로미터용 인공 흑연 결정〔이이즈미(飯泉) 씨 제공〕

을 방해하므로(노이즈가 들어간다고 한다) 대뜸 무게나 모양이 커진다. 1대 수 톤의 무게인 것이 보통이다.

이것을 정확하게 각도를 정해 놓고 측정해야 하니 사람의 힘으로는 무리이며 전부 컴퓨터에 의한 자동 제어 방식을 이용한다. 예를 들면 0.1°마다 산란각을 설정하여 거기서 20초간쯤 계측하고(사진에서 말하는 노출), 끝나면 다음으로 나아가라는 명령을 입력해 놓으면 다음 날 아침에는 측정 데이터가 인쇄되어 있다. 큰 장치가 작은 소리를 내고 회전하고 딱 멎고 측정되는 모습은 포대(砲臺)의 조준 같은 느낌이다. 특정 방향으로 강한 산란이 일어나는 것은 분말 모양의 시료(작은 결정 모임)라도 관측되는데 시료 전체가 하나의 결정, 즉 단결정을 인공적으로 만들어 이것으로 조사하면 훨씬 자세한 지식을 얻을 수 있다. 이 단결정에 의한 반사는 아주 강하여 분말을 사용하면, 수십 cc의 용적이나 되는 시료를 필요로 하는 경우라도 단결정을 사용하면 겨우 수 ㎜의 결정으로 충분한 경우가 보통이다. 더욱이 노이즈 레벨(해석에 사용할 수 없는 의미가 없는 카운트)에 비해서 신호가 강하므로 원자 위치를 정확하게 정하거나 원자의 운동 상태를 자세히 아는 데는 단결정을 얻는 것이 불가결한 조건이 되고 있다. 얘기는 이쯤 해 두고 본론으로 들어가겠다.

회절의 실제

철이나 구리, 다시 식염 따위의 물질은 원자가 규칙적으로 배열된 작은 결정으로 되어 있다는 것은 모두 알고 있는데, 그것을 어떻게 알았을까? 이것은 굳이 중성자의 도움을 빌릴 필요가 없고 벌써 그 이전부터 X선을 사용하여 알려진 일이다.

이것을 자세하게 얘기하면 길어지고 조금 정도가 높은 얘기가 되므로 여기서는 직관적으로 수긍이 가는 개략적인 설명만 한다. 열중성자를 X선 대신 사용할 때도 그 취급법은 거의 같다. 앞에서 브래그 산란에 대해서 얘기했는데, 지금 파장을 고정한 경우를 보면 그다음은 격자가 만드는 면과 면이 이루는 간격(d)가 정해지면 브래그식으로 표시되는 산란각(브래그각 θ의 2배) 방향으로 카운터를 향하게 하고 다음에 입사선에 대하여 격자면이 θ가 되게 결정을 향하게 하면 브래그 조건이 만족되어 강한 산란이 일어난다. 만일, 다른 격자면을 취하여 그 면간격을 d'라고 하면 이번에는 다른 각 $2\theta'$방향으로 산란선이 나타난다. 이렇게 해서 일반적으로 결정 구조가 지정되면 면간격 d가 다른 1조의 세트가 결정되므로 일정한 파장 λ에 대해서 역시 1조의 브래그각 θ, θ' …가 대응하게 된다. 이 1조의 브래그각과 각각의 각에서의 산란의 세기를 알게 되면 원래의 결정 구조를 알게 되는 실마리를 얻은 것이 된다.

구체적인 예를 들면, 6월에는 논에 규칙적으로 모가 심어진다. 이것은 한 변의 길이 a를 단위로 한 정방 격자(正方格子)라고 부르는데 a를 격자 상수라고 한다. 지금 멀리에서 비스듬히 논을 바라보면서 이 논 주위를 한 바퀴 돌아보자. 어떤 위치에서 보면 모가 일렬로 배열되어 선(면)열을 이루고 그것들이 몇 열이나 줄지어 있는 것을 보게 된다. 이때의 간격이 그 면의 면간격 d이다. 그런데 d는 한 종류만 있는 것이 아니다. 확실히 d가 가장 큰 것은 그것이 a와 같은 때이며, 그때의 선열이 더욱 선명하게 보인다. 그런데 그 위치에서 45° 돌아가면 다시 선열이 보이고, 그때의 면간격은 $^{a}\sqrt{2}$가 되어 있다. 먼저보다

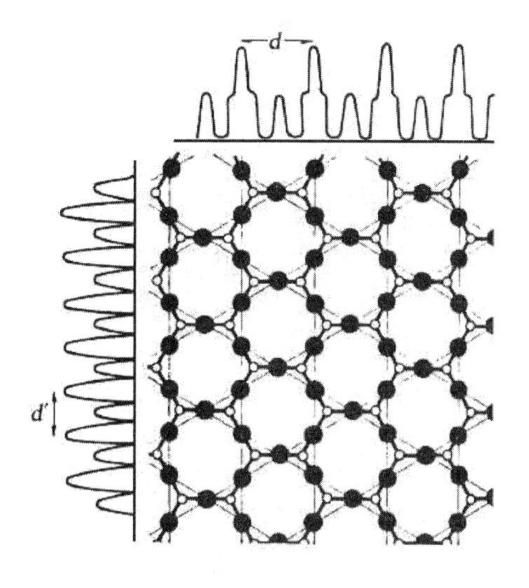

〈그림 27〉 SiO_2 결정의 모식도(흰 공이 Si, 검은 공이 O)

선명하지는 않지만 이렇게 하여 a, $a/\sqrt{2}$, $a/\sqrt{5}$ …등으로 정방 격자에 특징적인 면간격이 생기므로 그것에 대응하여 산란이 생기는 각 사이에도 특징적인 규칙을 볼 수 있다. 또 반대로 이것을 파악하여 본체를 추정한다.

이렇게 하여 브래그 산란이 일어나는 각, 즉 회절각도 중요하지만 동시에, 그 방향에 어느 정도의 세기로 산란이 일어나는가도 중요한 정보이다. 큰 모는 잘 보이고 가냘픈 모는 잘 보이지 않는다. 즉 산란능력이 떨어진다. 이 모의 굵기에 해당하는 것이 산란 길이 b이다.

〈그림 27〉은 SiO_2라는 결정의 한 투영도이다. 작은 흰 원이 실리콘 Si, 큰 검은 원이 산소 O이다. 이 책을 들고 비스듬한 방향에서 보기 바란다. 아래에서 보면 비교적 간격이 넓은 격자의 점렬을 볼 수 있다. 이때의 강도 분포의 투영이 위에 그

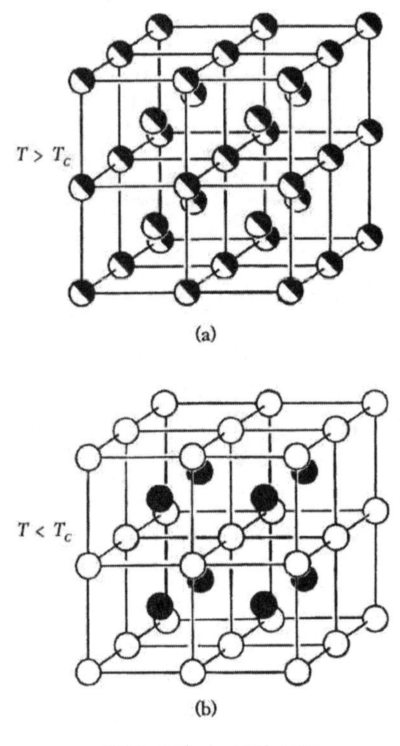

〈그림 28〉 놋쇠의 구조

려져 있다. 이때의 주기 d가 '브래그 산란'이 일어나는 각도 2 θ를 준다. 또한 투영한 무늬가 그 산란의 세기를 준다. 이 책을 조용히 돌리면 60°마다 지금과 같은 패턴이 보일 것이다.

그런데 이 그림을 바로 옆에서 보면 또 하나의 점렬이 보인다. 이때의 주기 d'는 앞의 것과 다르며 또한 투영된 무늬도 다르다. 그러므로 이것은 다른 위치에 다른 브래그 산란이 일어나서 그 강도가 또한 다르다는 것을 암시한다. 이런 종류의 패턴도 60°마다 나타난다.

이렇게 해서 아무리 복잡한 내부 구조를 가진 결정이라도 결국 그 속에서 각종 원자의 산란 길이 (b)가 만드는 극기적인 무늬가 어느 정도 세게 뚜렷이 선(화)열을 만드는가에 따라 산란강도가 결정된다. 즉 θ, θ'', θ'' … (또는 d, d′, d′ …) 등의 일련의 브래그각과 그 회절각에서의 산란강도 중에는 결정 구조에 특유한 정보가 마치 암호와 같이 짜여 있다.

이 암호 해독은 계산에 의하는데, 숙련된 연구자는 이 '암호 배열', 즉 '브래그 산란'의 위치와 강도를 얼핏 보기만 해도 간단한 결정이라면 그 구조를 알아맞힐 수 있다(전문적 용어를 사용하면 X선이나 중성자는 이러한 원자 또는 원자핵의 공간적 배열 무늬의 푸리에 변환상을 관측하고 있는 것이 되어 있으므로 그 반대 변환에 의하여 원자 배열은 이러이러하게 되어 있다고 판단할 수 있다) 철이나 구리나 식염이라는 비교적 간단한 구조를 가진 것이라면 대학의 학생 시험에서도 답이 나올 정도로 쉬운 것이다. 그러나 감기약인 아스피린이라든가 말향고래의 미오글로빈 단백의 구조를 정하려면 이것은 큰 작업이다.

그러나 뜻밖에 간단한 것이라도 X선으로는 알기 어려운 것도 있다. 예를 들면 놋쇠는 구리와 아연이 50%씩 들어 있어 〈그림 28〉과 같은 구조를 가지고 있다는 것이 알려져 있다. 이것은 마치 구리 원자(◑표)만으로 된 단순 입방격자 속에 아연 원자(◑)만으로 된 같은 격자가 복합적으로 들어가서 생긴 것이다. 이 놋쇠는 온도 T를 올려서 T_c=460℃로 하면 결정은 녹지 않고 아직 고체인 채로인데 구리와 아연 원자는 서로 위치를 바꾸기 시작한다. 이렇게 되면 어느 격자점을 보아도 모두 구리와 아연이 반씩의 확률로 존재하게 된다(◑ 표).

겉보기에는 아무런 변화가 없어도 내부적으로는 둘이 엇갈려서 큰 혼란 상태가 된다. 이때 X선으로 회절상을 찍어봐도 거의 아무런 변화도 관측되지 않는다. 이것은 구리와 아연의 원자번호가 29와 30으로 이웃하고 있기 때문에 X선을 산란하는 산란 길이는 29 : 30으로 거의 같아서 X선으로는 어느 것이나 같게 보이기 때문에 둘이 자리를 바꾸어도 같아 보인다. 그런데 중성자에 대해서는 산란 길이가 0.76과 0.57(이하 편의상 산란 길이는 모두 10^{-12}㎝ 단위로 적는다)로 상당히 다르므로 변화가 있으면 곧 알 수 있다(〈그림 27〉을 만든 요령으로 여러분도 생각해 보기 바란다).

규칙-불규칙 전이

이 예와 같이 저온에서는 구리와 아연의 원자가 각각 격자를 만들고 있는데도 온도를 올리면 점차 흩어져서 어떤 온도에서 둘이 아주 불규칙하게 분배되는 현상을 '규칙-불규칙 전이'라고 부르며, 그 온도 T_c를 '퀴리점'이라고 한다.

이것은 철과 같은 강자성체의 원자 자기 모멘트의 방향이 어떤 온도 이상에서 흩어지고 자기성을 잃는 것을 발견한 퀴리(유명한 퀴리 부인의 남편)의 이름을 딴 것이다. 철의 퀴리점은 자기적인 규칙-불규칙 전이인데, 그런 전이를 나타내는 것은 그 밖에도 많이 있다. 놋쇠와 아주 비슷한 보기인데, 여기에서는 철과 코발트의 1 대 1의 합금을 들어보자. 다만 자기 문제는 나중에 얘기하기로 하고 여기에서는 이 합금의 원자 배열상의 규칙-불규칙 전이이다. 이 철과 코발트도 원자번호가 26과 27로 이웃이므로 이것도 X선으로 구별하는 것은 곤란하다. 그러나

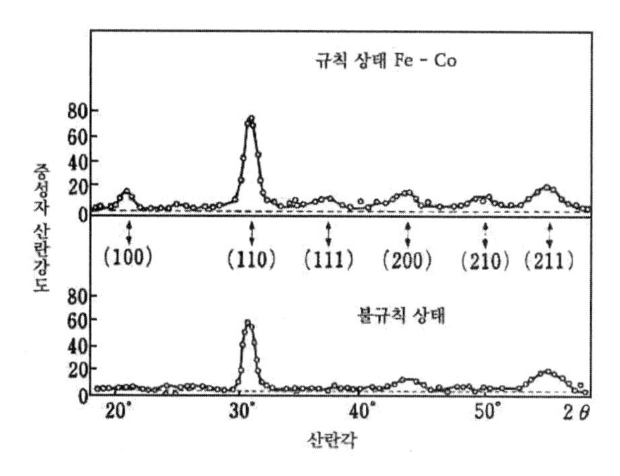

〈그림 29〉 철-코발트 합금의 중성자 회절상, 위가 저온, 아래가 고온이고 아래에서는 규칙성을 나타내는 (100)이나 (111)의 선은 없어져 있다

중성자에 대한 산란 길이는 각각 0.96과 0.25로 상당히 다르므로 규칙적인가 불규칙적인가 금방 알 수 있다.

〈그림 29〉는 그 '규칙 상태(저온)'와 '불규칙 상태(고온)'에 대해서 찍은 '중성자 회절상'이다. 이 그림은 산란각(2θ)을 차례차례로 바꿔갔을 때 관측되는 산란의 세기(카운트 수)를 나타내고 있다. 몇 개의 산이 있고 각각에 (100)이라든가 (110)이라는 지수가 붙어 있는데 이것은 그 브래그 산란에 기여한 면의 종류를 나타내고 있다.

이 그림에서는 규칙 상태에서는 나와 있던 (100)이나 (111)의 산이 불규칙 상태가 되면 소실되어 있다는 것을 알 수 있다. 만일 이것을 X선으로 보았다고 하면 이들 (100)이나 (111)의 산은 규칙-불규칙 상태를 묻지 않고 관측에 걸리지 않거나 훨씬 약할 것이다.

금속 내로 들어가는 수소

또 하나 X선으로는 어렵지만 중성자를 쓰면 잘 알게 되는 예를 들겠다.

그것은 금속 중의 수소 문제이다. 최근 에너지 문제가 화제에 오르고 있는데, 장래의 에너지원에는 수소를 쓰는 것이 좋다는 얘기도 나오고 있다. 그런데 수소는 기체이므로 설마 풍선에 넣어서 옮길 수도 없고, 그렇다고 압축하여 봄베에 채우면 그만큼 무거워져서 안 된다. 그래서 어떤 종류의 금속에 흡수시켜 옮기면 어떤가 하는 것도 생각되고 있다.

그럼, 이 수소라는 원자는 어떤 종류의 금속 원자의 틈새에 뜻밖에 다량으로 숨어드는데, 그것이 어디에 들어가는가, 들어가서 어떤 상태에 있는가, 또한 왜 그렇게 되는가 등은 학문적으로도 흥미로운 문제이다. 또한 그것이 알려지면 응용상에서도 무슨 새로운 길이 열릴지도 모른다. 여기에서는 그 자세한 내용까지는 얘기할 수 없지만 두세 가지 흥미 있는 것을 소개하겠다.

오래전부터 가장 잘 알려져 있는 것은 파라듐이라는 금속이며, 수소를 잘 흡수(통과)한다. 예를 들면 파라듐의 엷은 판으로 칸막이한 두 개의 방을 만들고, 한쪽은 진공으로, 다른 쪽은 수소 외에 공기가 섞인 가스를 넣어두면, 금방 수소만 빠져나가서 진공방 쪽으로 들어간다. 즉, 파라듐은 수소를 잘 통과시키지만 산소나 질소 등은 잘 통과시키지 않으므로 원자적인 체의 구실을 한다. 조금 가압해 주면 상당히 들어가는 것 같다. 상온에서도 이렇게 통과시키는 것은 드문 일인데, 예를 들면 하프늄 Hf라는 금속은 조금 고온에서 수소 중에 두면 무려 그 원

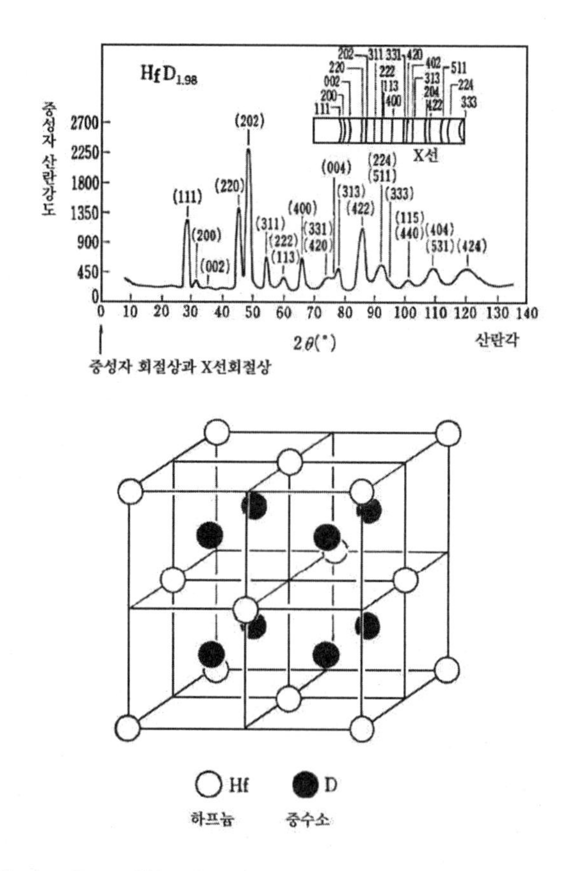

〈그림 30〉 수소를 포만한 Hf, $HfD_{1.98}$의 중성자 회절(곡선)과 같은 것의 X선 회절도형(a)과의 비교. 200,002의 선에 두드러진 강도 차이가 보인다

자수의 배 가까이에 수소를 잡는다. 원래 Hf는 육방정계라는 육각 모양의 결정 구조를 가진 것인데 수소를 넣어두면 결정형까지 변하여 $HfH_{1.8}$에서는 Hf가 만드는 격자는 면심입방격자(面心立方格子)가 되어 그 틈새에 거의 2배에 가까운 수의 수소가 들어간다(그림 30). 이렇게 수소를 많이 받아들인 것은 금속이라기보다도 화합물에 가까운 성질을 가진다.

원래 Hf는 금성답게 전연성(展延性)을 가지는데, 이렇게 수소가 많이 들어 있는 것은 막자로 으깰 수 있다. 문제는 이 숨어든 수소가 '어디에 있는가'를 어떻게 정하는가에 있다. Hf의 원자번호는 72로 크고 수소의 1과는 너무도 다르다. X선에 대한 산란 길이의 비는 72 : 1이나 된다. 그러므로 이 Hf끼리가 만드는 격자는 X선으로도 잘 보이지만 그 속에 있는 수소의 산란능력이 너무 약하기 때문에 큰 것의 그늘에 가려서 그 위치를 보기가 어렵다. 즉 Hf가 만드는 격자가 육방 격자에서 면심입방격자로 변하는 것은 X선으로도 간단히 알 수 있으나 수소가 어디에 있는지는 알 수 없고, 또 극단적으로 말하면 있거나 없거나 회절상에는 아무런 변화도 나타나지 않는다.

그런데 중성자에 대한 '산란 길이'는 Hf와 D(뒤에서 설명하는 이유에 의해서 수소 H를 사용하는 대신 중수소 D로 치환한 것을 사용한다. 그래도 물리적 성질은 H를 넣은 경우와 거의 변하지 않는다)는 0.78 : 0.67로 같은 정도의 크기이다. 즉 중성자는 Hf도 D도 거의 같게 보기 때문에 D가 있는 위치가 확실하게 떠오른다. 이렇게 하여 〈그림 30〉과같이 들어가는 위치가 정해졌다.

이렇게 중성자는 수소를 아주 강조해서 보여 주게 되므로, 더 나아가서 그 원자 진동이나 그것이 한 집에서 다른 집으로 어떻게 떠도는가 하는 동작에 관한 것까지 잘 알게 되었다. 이러한 원자적 세계에서의 동작이 얼마만큼 쉽게 일어나는가 하는 것이 거시적 수준에서 보았을 때의 '원자의 확산'(방사성 동위원소를 사용하여 조사할 수 있다)과 밀접한 관계가 있을 것이며, 앞에서 얘기한 파라듐은 왜 수소를 잘 통과하는가 하는 것도 이렇게 중성자를 사용하여 그 동작이 파악되었기 때문에 비로소 원자적 수준으로 이해할 수 있게 될 것이다. 이런 이유로 금속 내의 수소에 대한 연구는 근래에 아주 활발해졌다.

여기에서는 하나의 간단한 예를 들었는데, 이런 종류의 실험이 더 진행되면 더욱더 흥미 있는 분야가 개척될 가능성이 있을 것 같다. 원래 수소는 기체 상태에서는 2개가 쌍이 되어 H_2가 되어 있다는 것은 다 아는 사실이다.

수소를 압축하고 냉각시켜 액체로 만들어도 H_2, 더 냉각하여 고체로 만들어도 이 분자는 굳게 결합해 있어서, H_2라는 분자가 구성단위가 되어 분자성 결정을 만든다. 수소 분자의 결합에너지는 2.37eV나 된다. 바꿔 말하면 H_2를 H와 H로 떼어내는 데는 3만 도 가까이까지 온도를 올려주어야 한다. 이것은 나트륨 금속을 낱낱의 원자로 나누는 데 필요한 온도 1만 도에 비해서 상당히 높고 얼마나 수소 결합이 강한가를 말해준다. 아마 파라듐 옆에까지는 기체 상태의 수소 분자가 자꾸 날아와서 충돌하고 있음에 틀림없다.

파라듐의 금속 속에서는 앞에서 얘기한 중성자선 회절로 알게 된 것처럼 이제는 $H_2(D_2)$ 단위가 아니고 한 개 한 개 흩어져 들어가 있으므로, 아마 표면 가까이에서는 $H_2(D_2)$는 해체되어 분자가 아니라 원자로서 숨어들어 있음에 틀림없다. 또한 반대로 다른 끝으로 나갈 때는 아마 H_2가 아니고 흩어진 상태인 채로 나가고 그 뒤에 기체 상태 속에서 서로 충돌하여 H_2로 되돌아가는 것 같다. 이 해체 재결합 기구는 아직 밝혀져 있지 않다. 그러나 이것은 일종의 화학 반응이라고도 할 수 있고, 또 실제로 많은 이런 종류의 금속이 수소를 성분으로 가진 물질 간의 화학 반응의 촉매체(觸媒體)로 작용한다는 것은 예전부터 알려져 있는 일이다.

이러한 일종의 기본적이라고까지 생각되는 화학 반응의 절차를 쫓는 것은 학문적으로도 응용상으로 아주 중요하게 생각된다. 오늘날의 중성자선의 강도로는 이런 종류의 연구에서 금방 성과를 올리는 것은 현재로는 어렵겠지만 멀지 않아 이런 종류의 문제가 해결될 것을 기대하고 싶다.

10장 자성체의 수수께끼를 풀다

자기의 문제

전기와 함께 '자기적인 현상'은 아주 매력적이다. 철 조각이 말굽자석에 딸깍 소리를 내고 붙을 때의 눈에 보이지 않는 마력에 소년 시절부터 누구나 '어떻게 될까'라고 감탄하지 않을 수 없었을 것이다.

이렇게 말하는 필자도 그런 한 사람으로, 드디어 일생에 걸쳐 이 문제와 씨름하게 되는 처지가 되었다. 혹시 중성자 연구가 전문이 아닌가 하고 물을지 모르겠지만 여기에는 이유가 있다. 그것은 원자 세계까지 메스를 넣어 자기 문제를 푸는 데는 중성자만큼 유력한 무기는 생각할 수 없기 때문이다. 필자가 1961년 영국에서 중성자 회절의 시작 같은 연구를 하고 있을 무렵에는 연구자 동료끼리조차 이런 비싼 실험 장치는 고에너지 물리 이외에서는 예가 없을 것이라고 얘기했다. 원자로 건설비 외에 연료 등의 유지비까지 생각하면 '중성자 1개가 1페니쯤 된다!'라고 농담을 했다. 이런 비싼 대상을 치르면서까지 하려는 데는 그만큼 아주 귀중한 정보를 얻을 수 있기 때문이다. 그중 하나가 자기성이며, 다른 하나는 물질계에서의 동작을 알 수 있다는 것이다. 여기서 잠시 자기성에 관련된 얘기를 하겠다. 1955년경부터 시작된 중성자 산란 실험 덕분에 그토록 이해하기 어려웠던 자기성의 난문제도 오늘날에는 상당히 밝혀졌다고 해도 과언이 아닐 것이다.

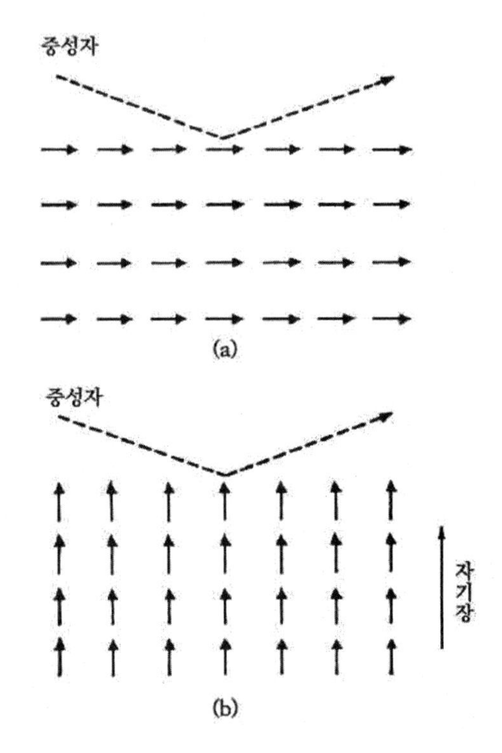

〈그림 31〉 원자 자기 모멘트가 만드는 격자에 의한 산란. 모두 브래그 조건은 만족되는데 (b)에서 산란은 일어나지 않는다

자성체의 자기 모멘트에 의한 산란

중성자는 그 자체가 '스핀 각운동량'을 가지며, 거기에 부수하여 자기 모멘트를 가지고 있으므로, 그것은 마치 자전하고 있는 지구가 자기 모멘트를 가진 것과 비슷하다.

이 모멘트는 전자가 가지고 있는 자기 모멘트에 비해 약 2,000분의 1이라는 작은 값이다. 그러나 작지만 자기 모멘트가 있기 때문에 이 중성자가 철과 같은 원자 입자에 가까이 가면 상호 작용하여 중성자는 산란된다.

원자가 가지는 자기 모멘트에 의한 산란의 단면적(즉 '산란능력')도 원자핵에 의한 산란의 단면적과 거의 같은 정도이다(*자기 모멘트에 의한 산란 길이는 보통 P로 적으며 이것이 핵의 산란 길이 b에 대응한다. P는 스핀 자기 모멘트의 크기에 비례한다). 따라서 원자 자기 모멘트가 〈그림 31〉과같이 가지런한 자기적 격자에 의해서도 브래그 조건에 맞는 것만이 강하게 산란되는 현상을 볼 수 있다. 그러나 '핵에 의한 산란'과 조금 다른 점은 산란의 세기가 '자기 모멘트의 방향'에 의해서 변하는 것이다. 예를 들면, 〈그림 31〉은 모두 같은 형의 격자(주기성에 관해서는 똑같다)이며, 모두 브래그 조건은 충족시키고 있는데, ⓐ처럼 모멘트의 방향이 산란을 일으키는 격자 면에 평행으로 향하고 있을 때는 괜찮은데, ⓑ와 같이 수직으로 향하면 산란은 일어나지 않게 된다. 따라서 밖으로부터 자기장을 화살표 방향으로 걸어서 모멘트의 방향을 ⓑ와 같이 방향을 바꿔주면, 그때까지 나오고 있던 산란은 없어진다. 이런 사실에서 자기 모멘트가 어떤 모양으로 배열하여 격자를 만들고 있는가 뿐만 아니라 어느 결정축 방향으로 배열되어 있는가 하는 것도 알 수 있다.

강자성체의 구조

철이나 니켈, 코발트 등의 강자성체에서 스핀 자기 모멘트는 모두 평행으로 배열되어 있다. 이 '원자 자석'의 방향이 아주 쉽게 바뀌는 것은 '고투자율 재료'로 트랜스의 철심 등에 사용되며, 방향이 고정되어 움직이기 어려운 것은 '영구 자석 재료'가 된다.

이 밖에 자성체에는 그 모멘트의 방향의 배열 방식에 따라 많은 변형이 있다는 것이 중성자 회절에 의해 비로소 실증되었다. 실용에 제공되는 많은 페라이트(Ferrite)는 크고 작은 크기가 다른 스핀이 반대로 향하여 겉보기에만 강자성체와 같이 동작한다는 것이 알려져 있다. 완전히 반평행으로 배열하여 겉보기상의 모멘트가 상쇄되어 있는 것은 '반강자성체'라고 부른다. '반강자성체'에서 모멘트는 미시적으로 상쇄되고 있으므로 강한 자기성은 겉으로는 나타나지 않는다. 그러나 강자성도 '반강자성도 제대로 된 질서 상태에 있는 것임에는 변함이 없고 이것은 마치 물질이 고체화하여 결정 상태가 된 것에 비유할 수 있을 것이다. 이 '반강자성체'의 존재는 프랑스의 넬(Louis Néel, 1904~2000)이라는 사람이 예언했는데 중성자 산란에 의해 비로소 실증되었다. 넬은 이것으로 노벨상을 받았다. 그리고 현실세계에서는 '강자성체'보다도 '반강자성체' 쪽이 훨씬 많다.

어떤 자성체라도 온도를 높이면 열에너지를 받아 스핀의 배향(配向)이 흩어져서 이른바 '상자성체(常磁性體)'라고 해서 이제는 자석에는 붙기 어려운 상태로 전화한다. 중성자 산란강도를 보면, 마침 상자성 상태가 되자마자 브래그 산란(자기적 산란 부분만)이 없어져 버린다. 이것은 철 등의 원자가 난잡하게 운동하기 시작했기 때문이 아니고 그 원자 위치는 원래 대로인데 그 원자 위에 실려 있는 스핀 모멘트(Spin Moment)의 배향만 흩어져서 규칙성이 소실되기 때문에 일어난다.

비유해서 말하면, 교실에서 학생은 규칙적으로 배열된 자리에 앉아 있는데, 강자성은 모두 흑판을 향한 상태, 상자성은 전후좌우로 모두가 멋대로인 방향을 향해 떠들고 있는 상태와 비슷하다. 이 상자성 상태에서는 각 원자상에서 자기적으로 산란된 각각의 파동의 위상 관계가 엉망진창이 되어, 즉 산란파가 서로 상쇄되어 브래그 산란이 없어져 버린다.

이 온도가 '퀴리점'이라고 부르는 것이며 원자 자기 모멘트가 얼마만큼 세게 서로 평행(또는 반평행)으로 배열하려고 하는가 하는 결합의 세기를 나타내는 기준이 된다. 이 결합의 세기는 양자역학이 생겨서야 비로소 설명할 수 있게 되었다.

철에서는 이 결합의 세기가 상당히 강하기 때문에 빨갛게 달구어질 때까지 '강자성 상태'가 계속된다. 이 결합의 세기(상호작용이라고 한다)가 약하면 조금 데워서 열에너지를 넣어 주는 것만으로도 곧 무너져서 '상자성체'가 된다. 반대로 말하면 온도만 내리면 어떤 상자성 물질이라도(어떤 종류의 금속은 다르다) 대개의 경우 자기 모멘트는 가지런하게 된다. 자성에 인연이 있는 물질은 철이나 니켈만이 아니다. 산소라도 냉각시켜 액체 산소로 만들면 강한 전자석에 끌려서 자기극에서 액체가 매달리는 것은 실험실에서 흔히 볼 수 있다. 또 '호이슬러(Heusler) 합금'이라는 금속은 구리, 알루미늄, 망가니즈이라는 모두 자석에 붙지 않는 금속으로만 되어 있는데, 합금으로 만들면 철과 같은 강자성체가 된다. 대체 이런 물질에서는 어느 원자로부터 자기 모멘트가 생기는가, 그것들이 어떤 자기적 구조를 가지고 있는가 하는 것도 모두 중성자 산란에 의해서 비로소 알게 되었다.

흥미 있는 것은 더욱 온도를 내리면 어떻게 되는가 하는 것이다. 절대온도로 말해서 100만 분의 1도 정도로 내리면 원자핵의 스핀까지 가지런해지기 시작한다. 최근 프랑스의 사클레

(Saclay)연구소에서 리튬이라는 금속에 흡수시킨 수소핵(양성자)의 핵스핀이 저절로 가지런히 된, 이른바 원자핵 스핀 반강자성체를 중성자 산란으로 보는 것에 성공했다. 이 얘기는 나중에 다시 하겠다.

상전이의 문제에 도전한다

추상화된 세계……저차원 자성체

철이 강자성체가 되는 것은 이웃끼리의 원자 자기 모멘트 사이에 서로 평행으로 향하는 상호 작용이 작용하기 때문이다. 어떤 하나의 모멘트를 z방향으로 향하게 했다고 하자. 상호 작용이 있다고 하는 것은 이 이웃에 또 하나의 철의 원자 자기 모멘트를 가져갔을 때 원래의 모멘트와 같은 z방향으로 향한 것 쪽이 안정한 것처럼 원래의 원자로부터 힘이 작용한다는 것이다. 따라서 열적인 진동이 없으면 차례차례로 이웃의 다시 이웃이 가지런히 된다. 온도가 올라가면 이 모멘트의 어떤 것은 이웃끼리의 연계를 뿌리치고 춤을 추기 시작하는데, 아직까지 전체로서는 가까스로 연계가 유지되고 있다.

그런데 '퀴리점'이 되면 도저히 손을 잡을 수 없다고 따로따로 모두 튀어나간다. 그리고 평균하면 모멘트가 없는 전적으로 혼란 상태가 된다. 이것이 '상자성 상태'이다. 그런데 원리적으로는 이 상호 작용만 알려지면 주어진 구조의 결정으로 몇 번이나 퀴리점이 되고 거기를 향해서 평균 자기화가 어떻게 줄어가는지를 계산할 수 있을 것이다. 그러나 상당히 어려워서 지금까지 정확하게 풀리지 않고 있다(근사해는 풀렸지만).

여기서 자기 모멘트가 어떤 형태로 온도와 더불어 줄고 어디에서 소실하는가 하는 문제를 왜 그렇게 물리학자들이 중요시하여 풀려고 하는가 이상하게 생각할 것이다. 확실히 철이 어떤 형태로 자기성을 잃는가 하는 문제 자체는 그다지 중요하지 않을지도 모른다. 그러나 상호 작용하고 있는 많은 입자로 이루어지는 계(系)가 가진 물성, 또는 더 구체적으로 열역학적 여러 양(量)을 기본적인 두세 가지 물리량을 기초로 하여 유도해낼 수 있는 것은 자성체뿐만 아니라 더 광범위한 여러 문제를 같은 수단으로 풀 수 있다는 것을 의미하므로 물리학자에게는 더 일반성을 띤 중요한 문제이다.

이 문제는 '다체문제(多體問題)'라고 하여 예로부터 해석적으로 풀기 어려운 난문제라고 여겨온 것이다. 자성체 문제는 예로서는 아주 분명해서 다체계의 통계 역학 과제로는 안성맞춤이고, 이론이 올바르게 전개되었는가 아닌가는 중성자 산란 실험으로 체크할 수 있는 경우가 아주 많다. 고온의 무질서 상태에서 저온의 질서 상태로 어떻게 전화되어 가는가 하는 '상전이(相轉移)'의 기구를 미시적인 입장에서 파악할 수 있으면 크게 우리의 자연에 대해 깊이 이해할 수 있을 것이다. 상호 작용을 하는 계의 상전이는 자성체에 한한 것이 아니고 유전체에서도 일어난다. 예를 들어 레이저광의 발진파 같은 것도 일종의 상전이라고 보이며, 형식적으로는 유사한 점이 많다. 초전도나 초유도 상태에의 전이도 모두 어떤 종류의 질서상(株序相)으로의 상전이다.

그러나 앞에서도 얘기한 것과 같이 이것을 푸는 것은 상당한 난문제이다. 수학적으로 푸는 것도 난문제이지만, 실제로 실체가 어떻게 되어 있는가를 실험적으로 아는 것조차 상당히 어렵다.

그래서 가장 간단한 계로서 풀 수 있는 것(이론적으로나 실험적으로도)에서부터 손을 대려고 하는 것으로 등장한 것이 '저차원화된 계'의 문제이다. 예를 들면 3차원적으로 원자나 스핀이 배열된 계를 푸는 것은 어렵지만 1차원으로 배열된 것이라면 해석적으로 풀린다는 문제가 있다. 흥미 있는 것은 그러한 추상적인… 가령 스핀을 1차적으로 사슬 모양으로 배열한다거나 2차적으로 그물코처럼 배열한다거나… 사고상으로만 존재하는 계가 실은 아주 가까운 모양으로 자연계에 존재한다는(만들 수 있는) 것을 중성자 산란으로 알게 되었다. 이러한 연구 중에서 두세 가지 흥미 있는 것을 알아보자.

1차원 및 2차원의 자성체

철선을 늘여 가서 드디어 원자가 하나하나 사슬 모양으로 이어진 것을 상상해 보자.

이론적 계산으로는 이 경우에 퀴리점은 자꾸 낮아져서 드디어 절대 영도가 된다. 즉 철의 자기 모멘트 간에 아무리 강한 힘이 작용하더라도 모멘트가 전체에 걸쳐서 배열된 강자성 상태가 되지 않는다. 이것은 정성적으로는 다음과 같이 이해된다.

문제를 간단히 하기 위해 자기 모멘트는 플러스 z방향이거나 마이너스 z방향으로밖에 향할 수 없는 것[이것을 '아이싱계(Icing 系)라고 한다]을 생각한다. 또, 근접하는 모멘트 사이에서만 서로 평행으로 되는 작용이 있다고 하자. 그럼, 이 계가 유한한 온도이고 1개당의 평균값으로 자기 모멘트가 나오는가 어떤가 하는 문제이다. 예를 들면, 많은 두더지에게 앞에 있는 두더지와 같은 방향으로 배열하도록 일러서 일렬이 되어 굴속에 들어가게 한다. 이 두더지들이 정말로 같은 방향으로 배열하는가 하는 문제이다. 선두가 먼저 플러스 z방향을 향해 갔으므로 그 뒤에 따르는 두더지는 차례차례 플러스 z방향으로 배열되어 갔다. 그런데 지하도는 열기가 후덥지근하므로 그중에는 머리가 멍해져 실수하게 된 두더지가 있었다. 그러자 그에 따르는 두더지는 앞의 두더지와 같은 방향으로 서려고 하므로 차례차례로 이번에는 마이너스 z방향으로 배열하기 시작했다. 온도가 아무리 낮아도 유한한 어떤 값이라는 것은 몇백 마리 중 한 마리라는 작은 확률이라도 잘못이 생긴다는 것이다. 어느 두더지가 잘못되는가는 모두 평등이다. 그러나 전체로 보면 극히 작은 수의 잘못이라도 파급 효과는 커서 전체 평균을 잡으면 하나의 모멘트가 플러스 z로 향하는 확률도, 마이너스 z로 향하는 확률도 같아지고 모멘트는 평균하면 영이 된다.

이렇게 1차원의 계에서는 이웃하는 모멘트 사이는 압도적 확률로 평행으로 배열되어 있는데, 전체로서는 위로 향하는 것과 아래로 향하는 평균을 취하면 영이 되어 있다.

다음에 같은 계가 2차원이 된 경우를 생각해보자. 특히 바둑판의 눈처럼 가장 가까운 거리에 있는 이웃끼리의 수가 4개인 경우를 생각해보면, 그들 사이에만 평행으로 되려는 작용이 생긴다고 한다. 이번에는 하나의 잘못이 전체의 배열을 깨뜨리는 일은 없을 것이다. 설령 몇 개의 잘못이 있었다고 해도 그 파급 효과는 비교적 적고 전체를 평균하면 모멘트가 생긴다는 것을 상상할 수 있다.

이런 계에서 몇 도까지 온도를 올리면 무질서 상태가 되는가, 또는 평균의 모멘트가 어떻게 떨어지는가 하는 것을 정확히 푸는 것은 상당히 어려운 문제였는데, 1944년에 온생거(Lars Onsanger, 1903~1976)라는 사람에(온생거는 1968년 '불가역 과정의 열역학의 기초를 확립했다'고 하여 노벨상을 받았다) 의해 수학적으로 엄밀하게 풀렸다. 이렇게 해석적으로 상전이 문제가 제대로 풀린 예는 나중에도 앞으로도 그렇게 흔한 일은 아니다.

저차원 물질

이러한 1차원이나 2차원 물질이 실제로 이 세상에 있을까(또는 만들 수 있을). 그 답은 '있다'이다. 물론 진짜로 이상적인 것은 아니다. 그러나 1차원적인 사슬 방향으로는 상호 작용이 아주 강하지만, 직각인 방향에서는 1만 분의 1 정도로 약한 물질이 몇 개인가 발견되었다. 이런 일은 굳이 자성체에 한한 일은 아니다. 예를 들면 1차원의 초전도체도 근년에 와서는 주목받고 있다.

아무튼 저차원계는 상식을 뛰어넘는 기묘한 성질을 가지는 일이 많으므로, 액체 질소 온도로 작동하는 초전도체의 출현도 1차원계에 기대를 모으고 있고, 더 뜻밖의 일은 생체계(生體系) 중에서도 DNA는 1차원 사슬에 가깝다. 또 신경막은 2차원 적이고 그 기능을 발휘하는 데에는 저차원이라는 계가 갖는 특성이 사용되고 있는지도 모른다. 이 저차원성을 보는 가장 직접적인 방법은 중성자의 산란을 보는 것이다. 두세 가지 예를 들어 보자.

먼저 '1차원의 자성체'의 예이다. $CsNiF_3$(세슘 니켈 플로라이드)이라는 결정은 〈그림 32〉에 보인 것과 같이 육방정계(穴方晶

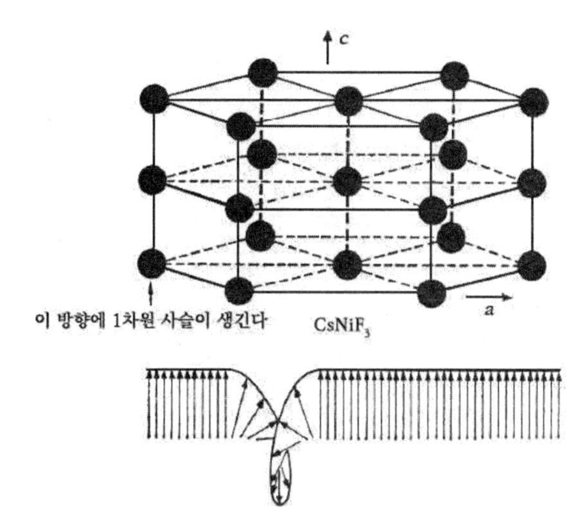

〈그림 32〉 (위) $CsNiF_3$에서는 c방향에 따라서 1차원의 자기적 사슬이 만들어져 있다. (아래) 그 사슬 안에 생기는 고립파(솔리톤)

系)의 c축에 따라 원자 간의 거리가 짧고 이 방향으로 이웃하는 모멘트를 서로 평행으로 하려는 작용이 아주 강하게 작용하고 있어서, 자기적으로는 아주 좋은 1차원성을 발휘하고 있다. 아무튼 거기에 직각인 방향의 상호 작용은 겨우 1만 분의 1밖에 없다는 것이 중성자 산란의 실험에서 확인되었다. 이것은 원래 절대온도 90도에서 퀴리점을 가질 것인데, 액체 헬륨의 온도 4.2도로 냉각해도 여전히 퀴리점이 나오지 않는다. 이 물질의 자기 모멘트의 담당자는 니켈이다. 저온이 되면 국소적으로는 모멘트가 가지런히 되어 있고, 그 속에서 '솔리톤파(Soliton波, 고립파)'가 생긴다는 것을 최근에 알게 되었다. 마치 밧줄의 끝을 탁 흔들면 펄스상의 파동이 전파되어 가는데 그런 자기 모멘트의 파동이 전파된다는 것이 밝혀졌다.

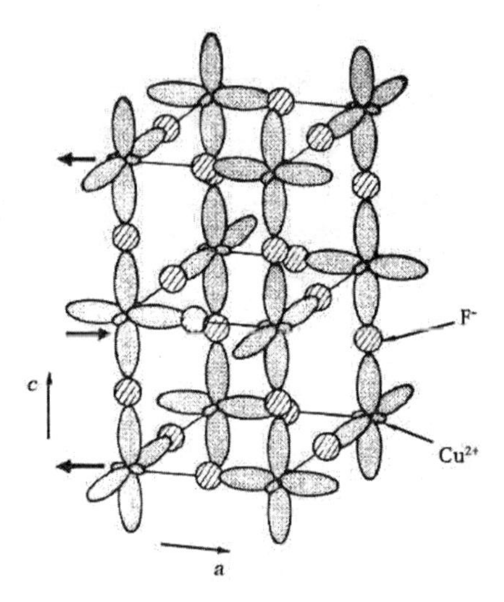

〈그림 33〉 KCUF₃에 있어서 구리 이온의 자기 모멘트를 담당하는 3d 전자구름(십자형)의 분포. 그것들은 F⁻이온을 통하여 c축 방향으로는 연결되지만 a축 방향은 끊긴다. 그 결과, 자기적 1차원성이 생긴다. 모멘트(화살표)는 그 전자구름 위에 분포하고 있다. K이온은 생략했다

〈그림 33〉은 또 다른 예이며, $KCuF_3$(플루오르화 구리칼륨)이라는 정육면체에 가까운 구조로 된 화합물이다. 모멘트의 담당자는 구리이며, 그 구리와 플루오르만이 그림에 표시되어 있다.

그 구리의 모멘트는 담당하는 전자(3d)는 공간적으로 그림처럼 배열되어 있다. 이 전자운(電子雲)이 겹치는 곳은 자기적으로 강하게 결합하기 때문에 그림을 보면 곧 알 수 있는 것처럼 이것도 자기적으로는 1차원의 사슬을 이루고 있다. 이것은 c축에 따라서 모멘트가 반평행으로 배열되게 작용하고 있는데, 그것에 직각인 방향의 결합은 약하고 원래 250K로 가지런히 될 것이 40K가 되어도 퀴리점이 나오지 않는다. 이런 예는 이미 많

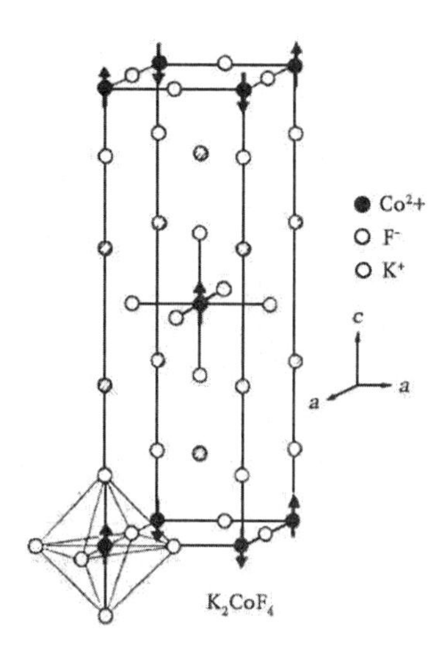

〈그림 34〉 2차원 반강자성체 K_2CoF_4의 구조. 화살표는 자기 모멘트

이 발견되었다.

다음은 2차원계의 예이다. 여기에 든 예는 K_2CoF_4(플루오르화 코발트칼륨)이며, 이것은 〈그림 34〉처럼 자기성을 담당하는 Co원자의 배열에서 상상해도 2차원적인데, 자기적인 작용으로 보면 2차원인 면과 면의 결합은 1만 분의 1 정도 약하다는 이상적인 2차원계이다. 이것으로 앞에서 얘기한 '온생거의 풀이(자기화의 온도 변화)'가 과연 나오는가 어떤가는 아주 흥미로운 일이다. 실제로 〈그림 35〉처럼 중성자 산란에서의 측정은 이론(실선)과 아주 잘 일치한다.

하나의 선도 아닌, 하나의 면도 아닌 분명한 3차원적으로 원자가 배열한 물질에 있어서 왜 이것이 자기적으로 1차원인가 2차원인가를 알 수 있을까. 여러 가지 방법이 있는데, 그중 한 가지를 소개한다. 앞에서 '상자성체'는 모멘트의 방향이 흩어진

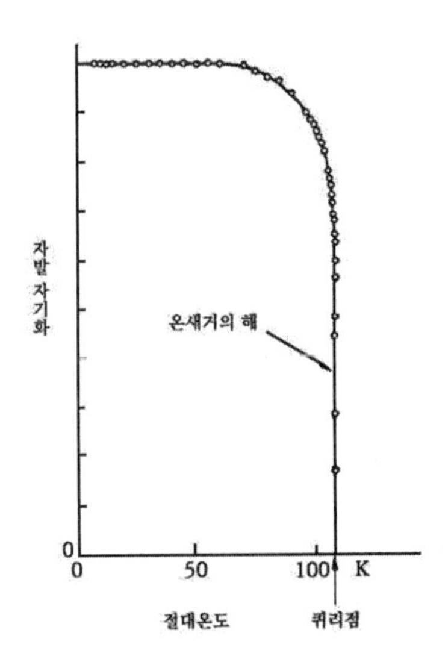

〈그림 35〉 K_2CoF_4의 자발 자기화의 온도 변화. ○표는 중성자 산란에 의한 측정

상태라고 얘기했는데, 실은 완전히 흩어져 있는 것이 아니고, 미시적으로는 부분적으로 어느 정도 가지런히 뭉쳐 있다. 온도가 퀴리점에 가까워지면 그 덩어리는 점차 커진다. 중성자를 이러한 상태에 충돌시켜 산란을 보면 기묘하게도 그 미시적인 특징을(조금 흩어져 있어도) 알 수 있다.

조금 옆길로 벗어나는데, 중국의 고전 『십팔사략(十八史略)』 속에 연(燕)나라의 자객 형가(荊軻)가 비수를 숨기고 진(秦)나라의 시황제(始皇帝) 암살길에 나설 때를 '바람은 세차고 역수(易水)는 차갑다. 장사(壯士)는 한 번 떠나서 아직 돌아오지 않도다. 그때 백홍(白紅)이 해를 뚫으니 연나라 사람들은 이를 무서워 하도다' 라고 되어 있다. 장사 형가는 암살에 실패하여 처형되고 연나라는 망하는데 그것을 예측하는 것 같은 불길한 광경을 상상할 수 있다. 백홍이라는 것은 태양 주위에 무리가 생기고, 다시 태양을 열십자로 꿰뚫은 모양으로 나타나는 무지개인데 7색이 아니고 백색이다. 이것은 공중에 뜬 얼음 비결정에 햇빛이 비치면 나타나는 것으로, 지금도 때때로 극한지(極寒地)에 나타난다고 한다. 이런 무지개가 어떤 기구로 나타나는가는 자세히는 모르지만 아마 미결정 안에서의 다중 굴절에 의한다고 생각된다. 따라서 중성자 회절과는 기구는 다르지만 빛의 산란체인 얼음 입자가 공중에 규칙적으로 떠 있지 않아도 얼음 입자 자체가 일정한 모양을 가지고 있기만 하면 그 형태를 반영하여 특징적인 몽롱한 헤일로(무리)가 나오는 것이라고 생각된다. 이를테면 흩어진 속에도 규칙이 있어서 완전히 흩어진 실이 아니고 국소적으로 어떤 종류의 배열을 가진 것이면(저차원 자성체에서는 어느 선 방향, 또는 면내 방향에 국소적으로 가지런히 된다) 회절상에 흐릿한 무지개가 생긴다. 예를 들면 2차원 자성체를 충분히 고온으로 하면 완전히 흩어진 상태가 되기 때문에 회절상은 아무것도 나오지 않는다. 그러나 점차 온도를 내리면 국소적인 가지런함에 대응하여 몽롱하게 막대 모양의 무지개가 나기 시작하고, 더 온도를 내려 가지런함의 덩어리가 커지면 그 무지개는 점차 뚜렷하고 날카로운 선이 된다. 만일 3차원적으로까지 가지런히 되면 브래그 산란이 그 무지개 속에 나타나서 마치 백홍이 태양(브래그 산란점)을 꿰뚫는 축소판이 원자 세계에서도 보이게 된다. 이 무지개 모양으로부터 얼마만큼 이상적인 '저차원 자성체'인지를 알 수 있게 된다. 이 무지개는 보통 계수관으로 추적하는데, 최근에는 중성자 빔이 강해졌으므로 직접 사진으로 찍을 수도 있다. 〈그림 36〉에 $CsFe_4$(플루오르화

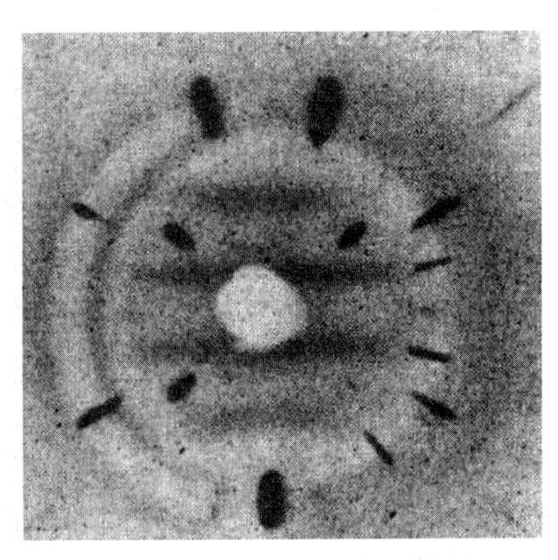

〈그림 36〉 $CsFeF_4$(2차원) 자성체에 나타난 무지개 모양의 중성자 산란, 옆으로 길게 낀 것이 그것이다. 검은 점은 핵의 배열에 의한 브래그점 〔히다카(日高) 씨 제공〕

철세슘)이라는 2차원 자성체에 나타난 무지개 사진을 볼 수 있다. 옆으로 길게 퍼진 몽롱한 무지개가 그것이며 검은 점은 자기적이 아닌 핵(결정)에 의한 브래그 산란(라우에상)이다.

이상의 방법은 저차원성을 아는 하나의 방법인데, 가장 본격적인 방법은 뒤에 설명하는 '포논(Phonon)의 산란'과 같은 수단을 사용하여 '비탄성 산란(非彈性散亂)'으로 결정한다.

지금까지 설명한 예는 산란제인 자기적 모멘트가 원자 위에 실려 있어서 그 배열 방향이 서로 가지런해지거나 가지런하지 않게 된 것을 다루었다. 따라서 규칙성은 원칙적으로는 격자간격이 단위가 되어 있다. 그러나 그 규칙성이 아주 긴 것도 여러 가지가 발견되고 있다. 다음에 조금 색다른 예를 소개하겠다.

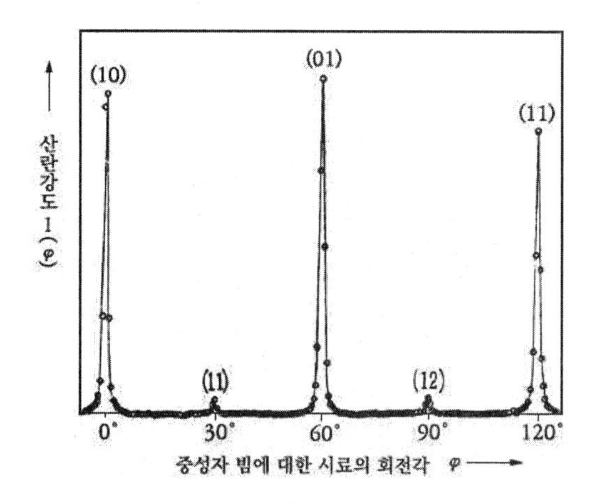

〈그림 37〉 (a) 초전도체 니오보 합금 내에서의 자기력선속 격자에 의한 브래그 산란(소각 산란)

초전도체 내에서 자기력선속이 만드는 격자

초전도체라는 것은 그것으로 만든 코일에 일단 전류를 흐르게 하면 전기 저항이 진짜로 영이므로 1년이든 10년이든 계속 흐르는 참으로 이상한 물체이다.

이 현상은 니오보 같은 금속이나 특수한 합금을 저온으로 했을 때 흔히 볼 수 있다. 흥미 있는 것은 이런 상태가 되면 자석을 가까이 대도 자력선이 속으로 들어가지 않는다. 강자성체는 그 속으로 자기력선속을 될 수 있는 대로 받아들이려고 하므로 자기력선속 밀도가 높은 곳으로 스스로 이동하려고 한다. 철이 자석에 붙는 것은 그 때문이다. 그런데 초전도체에서는 자기 몸속에 될 수 있는 대로 자기력선속을 넣지 않으려고 하기 때문에 자기력선속 밀도가 큰 곳에서 달아나려고 한다. 이

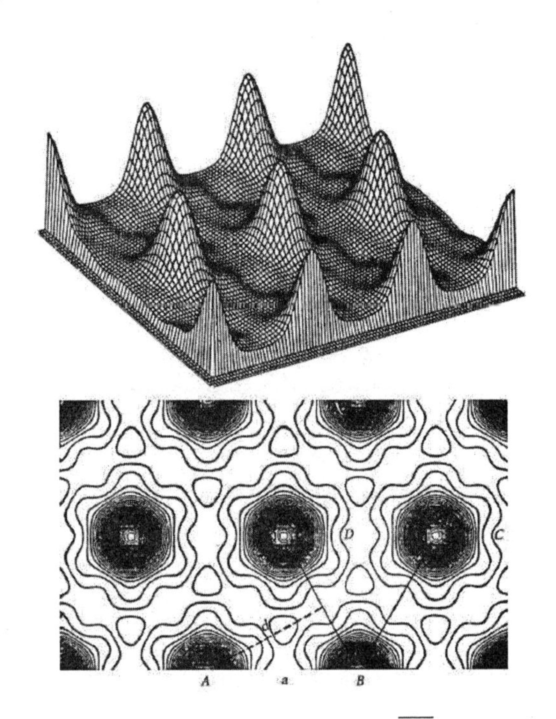

〈그림 37〉 (b) 자기력선속 밀도가 만드는 격자. $\overline{AB}$는 2510Å나 된다

것을 '반자성'이라고 한다. '초전도체'는 가장 완전한 반자성체이다. 이 초전도체를 달아나지 못하게 잡아두고 강제로 강한 자기장 속에 놓아두면, 끝내는 지게 되어 자기력선속의 침입을 허용하게 된다. 이때 자기력선속이 제멋대로 침입하는 것이 아니고 육각 모양의 격자를 만들어 침입한다. 마치 꽃꽂이에 쓰는 침봉(針峰)처럼 자력선이 조금씩 묶음이 되어 격자를 만들어 들어온다. 이것은 초전도체 이론이 완성될 무렵에는 이미 이론적으로 예상하고 있었다.

실제로 실험자가 눈으로 볼 수 있게 된 것은 중성자의 '소각 산란(小角散亂)'이 사용되고 나서이다. 〈그림 37〉은 9Å의 냉중성자선을 써서 니오븀 합금에서 자력선 일부가 격자 모양으로 침입한 모습을 조사한 것인데, 관측된 패턴 (a)를 해석하여 자기력선속의 밀도 분포를 컴퓨터로 그린 것이 그림 (b)이다. 이런 경우에 이웃하는 자기력선속선 간격은 약 2000Å이나 되고 이것은 파장 9Å보다 충분히 길기 때문에 산란각으로서는 1° 이내에 나타난다(실은 반대로 산란각을 측정하여 2000Å이라는 것이 정해졌는데). 앞에서도 설명한 것같이 니오븀의 원자가 만드는 격자 주기는 3.3Å이며 그 2배인 6.6Å이라도 여전히 9Å보다 짧기 때문에 니오븀 원자가 만드는 격자에 의한 산란은 전혀 나오지 않는다.

그러므로 앞의 경우는 같은 고체 속에서도 원자가 만드는 격자 주기성 외에 다른 물리량 격자가 만들어진다.

11장 편극중성자

플러스 1/2과 마이너스 1/2

앞에서(2장) 중성자는 스핀 자기 모멘트를 가진 작은 '영구자석'과 같은 것이라고 얘기했다.

이러한 자기 모멘트가 자연적으로 서로 가지런하게 된다는 것은 우선 생각할 수 없다. 왜냐하면 가장 중성자 밀도가 높은 원자로 속에서조차 중성자 수는 1㏄ 중에 10^{16}개 정도이며, 이것은 보통 실험실에서 고진공으로 했을 때의 가스 정도로 희박한 것이므로 도저히 중성자끼리 상호 작용하여 모멘트를 가지런히 할 수 없을 만큼 서로 떨어져 있기 때문이다. 즉, 중성자의 '자기 모멘트' 내지 '스핀'은 언제나 멋대로 향하고 있는, 이를테면 상자성과 맞먹는 상태에 있다.

다만, 양자역학에서 중성자의 스핀은 1/2이므로 스핀의 양자화 축 방향의 성분으로서는 +1/2이거나 -1/2의 두 가지밖에 취할 수 없고, 고전적인 팽이처럼 축이 어떤 방향으로라도 향하게 할 수 있는 것은 아니다. 제목으로 든 '편극중성자(偏極中性子)'란 그 성분이 +1/2이거나 -1/2로 가지런히 된 것을 가리킨다. 모두 +1/2이거나 모두 -1/2로 가지런한 중성자 집단으로 된 빔은 완전한 '편극중성자선'이라고 부른다. 보통의 중성자선은 절반이 (+), 나머지 절반이 (-)로 향하고 있다. 그런데 완전히 가지런히 된 편극중성자를 우리는 아주 간단하게 꺼내서 쓸 수 있다. 반대 방향으로 된 중성자를 하나하나 비틀어서 올바른 방향으로 돌릴 수는 없다. 요컨대 반대 방향으로 향한

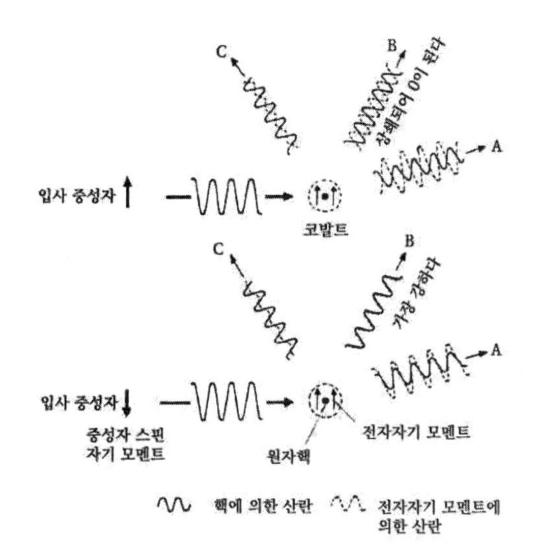

〈그림 38〉 편극중성자를 얻는 원리도

것을 버려서 100% 가까이 편극된 중성자를 얻는다. 따라서 이 것을 꺼낼 때, 아무래도 중성자선의 강도는 반감하게 되는데 이것은 불가피한 일이다. 그러나 다행히도 그때 실은 백색중성자로부터 파장이 고른 단색중성자를 꺼내는 절차도 동시에 겸할 수 있다.

어떻게 하는가 하면 〈그림 26〉에서 나오는 단색화용의 인공흑연 대신 8%의 철을 함유한 코발트의 단결정을 단색화용 결정으로 사용한다. 그때, 이 단결정에 연직 방향으로 자기장을 걸어서 코발트의 자기 모멘트를 가지런하게 만들어 주기만 하면 된다. 거기에서 반사한 중성자 빔은 거의 100% 가까이 편극 되어 있다. 코발트 대신에 '호이슬러 합금'이라는 강자성 합금도 사용된다. '왜 편극하는가' 하는 것은 조금 고급한 애기가 되는데, 한마디로 말하면 코발트의 원자핵에 의한 산란파와 코발트의 자기 모멘트를 업은 전자에 의한 산란파가 간섭을 일으키기 때문에 그렇게 된다. 그것을 〈그림 38〉에 따라 설명한다. 먼저 코발트의 원자 자기 모멘트가 그림과 같이 위로 향해서 생겼다고 하자. 거기에 왼쪽으로부터 중성자가 날아오는데, 앞에서 얘기한 대로 보통 중성자는 위로 향해 '스핀 자기 모멘트'를 가진 것과 아래로 향해 가진 것이 반씩 섞여 있다(이것을 '편극 되어 있지 않은 중성자'라고 부른다). 각각이 어떤 산란을 하는가, 위와 아래 그림으로 나눠서 알아보자. 위쪽은 전자의 자기 모멘트와 중성자의 자기 모멘트가 같은 방향인 경우이고, 아래는 그것이 반대인 경우이며 다른 것은 똑같다.

핵에 의한 확산은 실선으로 보인 것처럼 A, B, C 어느 방향으로 같은 진폭으로 산란되고, 또한 입사파에 대해서는 항상 일정한 위상 관계(예를 들면 π)를 가지고 있다. 그런데 자기 모멘트에 의한 산란을 파선으로 보인 것처럼 전자와 중성자의 스핀의 상대적인 방향에 따라 위상이 π가 되거나 영이 되기도 하여 산란된다. 또한 산란각의 차이(A, B, C)에 따라서 산란파의 진폭이 달라진다(이것은 전자운 쪽은 원자의 크기만큼의 넓이를 가지기 때문에). 그 때문에 위 그림 B와 같이 적당한 방향을 선정하면 간섭에 의하여 양쪽 파동이 완전히 상쇄되는, 즉 산란이 일어나지 않게 된다. 즉 이 B 방향으로 브래그 산란이 일어나게 세트한 경우에 ↑방향의 스핀 자기 모멘트를 가진 중성자 스핀은 산란되지 않고 앞쪽으로 지나가 버리고, ↓방향인 경우(즉 아래 그림)에만 B방향으로 강한 산란이 일어난다. 즉 B방향으로는 100% ↓방향의 스핀 자기 모멘트의 중성자만이 나와서 이것으로 편극된 중성자를 얻게 된다.

이 방향이 마침 브래그 산란 방향이면 이 반사로 단번에 단색화된 '편극중성자'를 얻게 된다.

중성자 스핀 자기 모멘트를 자유롭게 조작한다

(*스핀 운동은 양자역학적 기술에 의하는 것이 올바르지만, 우리가 관측하는 스핀 운동은 위상 문제를 제쳐 놓으면 거의 고전적인 팽이 운동처럼 다룰 수 있다)

편극중성자용 모노크로미터 결정으로부터 산란되어 튀어나온 중성자는 그 스핀의 방향을 조금도 바꾸지 않고 1m든 10m든 공중을 계속 날아간다.

스핀 방향이 변하지 않는 것은 각운동량 보전 법칙에 따르며 외력을 가하지 않으면 방향을 바꾸지 않고 계속 날아간다. 그러나 흥미로운 것은 우리 실험가는 아주 간단하게 그 방향을 90° 기울게 하거나 180° 반전시킬 수도 있다.

여러분은 경사된 축 주위를 돌고 있는 팽이는 중력 작용 아래에서는 넘어지지 않고 세차운동(歲差運動)을 시작한다는 것을 알고 있을 것이다.

이런 힘(정확하게는 짝힘)을 주면 방향이 빙글빙글 돌기 시작한다. 스핀 각운동량과 자기 모멘트는 떨어지지 않게 일체로 되어 있으므로, 중력 대신 균일한 자기장을 걸어주면 자기적으로 짝힘이 생기기 때문에 그 자기장 방향을 중심으로 스핀은 '목 흔들기 운동'을 시작한다. 그러므로 중성자의 편극 축 방향으로 자기장을 걸면 아무 변화도 일어나지 않지만, 〈그림 39〉와 같이 직각 방향으로 걸면 목 흔들기 운동을 시작한다. 만일

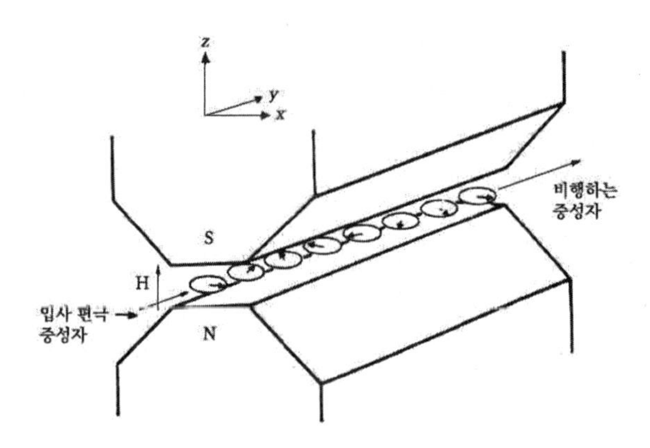

〈그림 39〉 자기장 속을 비행하는 편극중성자

중성자의 비행 통로에 따라 긴 자기장의 터널을 만들면 중성자는 그 스핀이 프리스비(Frisbee)처럼 빙글빙글 돌면서 비행한다. 만일, 예를 들어 이 그림과 같이 터널을 나선 데서 x방향으로 향하고 있던 중성자 스핀의 방향을 2방향으로 돌리려고 생각하면 45°방향(xz)으로 자기장을 낼 수 있는 적당한 길이의 자기장 터널을 만들고, 그 터널을 나왔을 때 마침 중성자 스핀이 그 자기장 주위에서 회전하여 z축으로 향하게 하면 터널을 나선 뒤에는 z축을 향한 채로 계속 날아간다. 이 빙글빙글 도는 주파수는 자기장의 세기에 비례하는데, 100G에서 290㎑ 정도이다. 그러므로 이 날고 있는 중성자에 '세차운동'과 같은 주파수의 전파를 넣어 주면 공명(共鳴)을 일으켜 전파에 의한 진동 자기장을 축으로 하여 새로운 회전을 시작한다. 그러므로 이것에 의해 반전시킬 수도 있다.

천천히 자기장 방향이 변하도록 설계된 터널 속에 넣어 주면 중성자 스핀은 순순히 그에 따라 방향이 바뀐다. 이렇게 하여 중성자 방향은 자기장을 이용하여 자유자재로 조작할 수 있는데 그 응용은 전문적이 되므로 뒤에서 두세 가지 드는 데 그친다.

이렇게 중성자 방향이 변한 것을 어떻게 검지할 수 있는가 하면, 그것은 '편극중성자'를 만드는(골라내는) 방법과 반대로 하면 된다. 마찬가지로 코발트 결정에 자기장을 건 것은, 아래로 향하는 스핀은 반사하는데, 위로 향한 스핀은 반사하지 않기 때문에 '검지기(Analyzer)'로도 사용할 수 있다.

12장 원자의 운동을 조사한다

원자는 어떻게 움직이는가

물질을 구성하는 원자의 배열, 즉 '결정 구조'를 조사하는 것만이라면, 많은 경우 X선을 써서 결정할 수 있다. 예를 들면, 철은 '체심 입방격자(體心立方格子)'를 만드는데, 니켈은 '면심 입방격자(面心立方格子)'라는 것은 중성자가 산란 실험에 사용되기 훨씬 전부터 X선을 사용하여 알려진 사실이다. 단지 자기적인 구조는 X선으로는 전혀 안 되고 중성자, 산란에 의지할 수밖에 없었으므로 중성자가 사용되기 시작하면서 자기성 문제는 급속하게 해결되는 방향으로 향했다.

만일 원자(핵)나 원자 자석이 미시적인 세계에서 어떻게 운동하고 있는가 하는 것을 알려면 중성자에 의존할 수밖에 없다. 이것은 X선으로는 대신할 수 없다고 해도 과언이 아니다.

왜 이 운동을 조사하는 것이 그렇게 중요할까? 그중 한 가지는 그것에 의하여 원자끼리 또는 원자 자석끼리를 결합하고 있는 힘의 크기, 즉 상호 작용의 크기를 알 수 있기 때문이다. 결정을 만들고 있는 원자는 이웃끼리 결합되어 있는데 그것은 이웃끼리를 굳게 막대로 묶은 것은 아니다. 오히려 스프링으로 연결되었다는 이미지로 볼 수 있다. 이 스프링의 세기라는 것이 고체의 역학적, 열적 성질을 정하는 기본적인 양이며, 이것만 알면 그 고체가 가진 여러 가지 성질을 알아낼 수 있게 된다. 이를테면 문제를 푸는 중요한 열쇠는 이 스프링에 있다. 그럼 어떻게 하면 그것을 알 수 있을까?

가장 이상적인 것은 결정 내의 다른 원자는 전혀 움직이지 못하게 하고, 한 원자만을 조용히 변위(變位)시켜 '복원력' 즉 '스프링의 세기'를 알아내는 것이다. 그런 일을 해줄 사람은 없으므로 느닷없이 간접적인 방법을 취할 수밖에 없다.

예를 들면, 결정의 양 끝을 누르든가 잡아당기든가 해서 복원력이라고 할까, '탄성 상수(彈性常數)'를 조사하는 것도 그중 하나이다. 실제로는 초음파 펄스를 주고 그것이 진행되는 속도, 즉 고체 내에서의 '음속'으로부터 탄성 상수를 구해서 스프링 세기를 추정한다. 그러나 이런 방법으로 추정할 수 있는 것은 아주 간단한 구조를 가진 단일 원자로 된 결정 정도이며, 가령 식염 속의 염소와 염소, 염소와 나트륨 사이에 각각 어떤 힘이 작용하고 있는가쯤 되면 손을 든다. 초음파 측정에서 만일 훨씬 진동수가 높고 파장이 짧은 파동을 만들 수 있다면 사정은 달라진다. 그런데 그것이 여간해서는 안 된다.

보통 이 초음파는 수정(水晶)과 같은 결정을 전기적으로 진동시켜 만드는데, 그 주파수는 최고로 가도 10^9㎐ 정도이다. 그래도 이것으로 유기(誘起)되는 알루미늄 내의 음파 파장은 약 5 μ이며, 아직 알루미늄의 원자 간 거리에 비하면 2만 배나 크다. 만일 더 진동수를 올리면 어떻게 될까. 당연히 전파되는 파동의 파장도 더욱 짧아지는데 파장이 원자 간 거리에 가까워지면, 이상한 일은 파동이 앞으로 나아가기 어렵게 된다(〈그림 40〉 참조). 이것은, 예를 들면 1차원의 스프링으로 연결된 '질점계(質點系)의 모델'을 만들어 흔들어주면 모델 실험으로도 실증될 수 있을 것이다. 아무튼 그러한 수 Å이라는 파장의 파동을 만일 만들 수 있다면, 원자 간에 작용하는 힘의 모양이 하

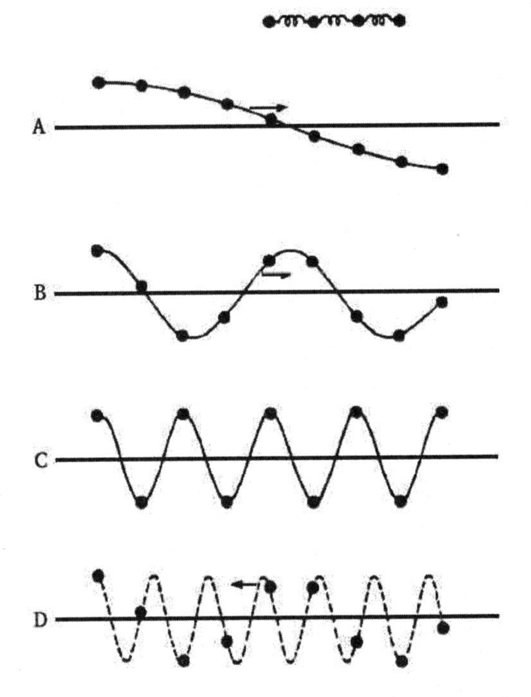

〈그림 40〉 스프링으로 연결된 1차원 질점계의 운동. 변위를 보기 쉽게 하기 위해서 횡파 형태로 하여 설명한다. ABC 순으로 진동수를 올려 가면 화살표 방향으로 전파하는 파동의 파장이 짧아져서 C에서는 파동을 진행하지 않게 된다. D와 같이 더 파장을 짧게 한 것도 생각할 수 있는데, 실제의 질점의 동작을 보면 B와 같다. 이때 생각한 파동은 역방향으로 진행한다

나하나 손에 잡힐 듯이 정확하게 알 수 있다. 그 진동수는 대략 10^{13}㎐이다.

이렇게 도저히 초음파로는 만들 수 없는 짧은 파장, 높은 진동수의 파동을 중성자라면 만들 수 있다. 중성자가, 가령 식염의 나트륨핵에 탁 부딪쳤다고 하자. 만일 나트륨핵이 절대로

움직이지 않게 고정되었다고 하면 중성자는 앞에서 얘기한 단면적에 따라서 그 진행 방향은 변하지만 에너지(파장)는 변하지 않고 튕겨 나간다(이것을 '탄성 산란'이라고 부른다). 그런데 나트륨은 이웃 염소 원자와 그것을 중개로 하여 다음 나트륨이나 염소 등으로 차례차례 스프링으로 연결되어 있으므로 오히려 자유롭지 않지만 고정되어 있는 것은 아니다. 그래서 중성자가 부딪치면 조금 진동하기 시작한다. 원래 열진동이 있었던 데서 더욱 진동이 커지거나 때로는 중성자에 에너지를 주고 오히려 진동이 약해진다. 천장에서 끈으로 매단 공이 일렬로 드리워져 있고 그 각각이 스프링으로 연결되어 있는 모양을 상상해 보자. 중성자라는 공을 어느 한 원자구에 부딪치게 한다. 만일 스프링으로 연결되어 있지 않았다면 두 개의 질량이 다른 강체구(剛體球)의 충돌로 다루어질 문제인데, 지금은 스프링으로 연결되어 있으므로 한 공만 흔들리는 것이 아니고, 거기에서 여러 가지 파동이 일어나는 것을 상상할 수 있을 것이다. 실제로 단결정에 중성자를 부딪쳐 보면 이런 음파의 파동이 가진 운동량과 에너지가 중성자의 운동량과 에너지와 서로 교환되어 속도가 변화한 중성자가 산란된다. 즉, 이러한 짧은 파장의 음파가 중성자를 부딪치게 함으로써 만들어지고 그 대응으로 변화를 받은 중성자의 모습을 조사하여 결정의 미시적인 세계에서의 굳기를 판정할 수 있게 된다.

포논 산란

이상의 설명은 직관적 이해를 돕기 위해서 조금 속임수를 썼다. 사실은 중성자는 원자(핵) 1개와 충돌하지 않는다.

앞에서 물질파 얘기를 했을 때, 입자는 파동적 상(像)으로도 나타낼 수 있다는 것을 설명했는데, 결정 내에 만들어지는 원자 격자 파동은 반대로 입자상으로 바꿀 수도 있을 것이다. 이런 입자를 '포논(Phonon, 音量子)'이라고 부르며, 제대로 특정한 운동량 벡터와 운동 에너지를 가지고 있다. 중성자가 결정에 들어가면 새롭게 포논이 생기거나, 반대로 없어지기도 한다. 파동 에너지는 진동수가 일정하면 그 진폭의 제곱에 비례한다는 것을 알고 있을 것이다. 굳이 고전적인 묘상(描像)으로 해석하면 파동의 진폭이 포논의 수의 제곱근에 비례한다.

따라서 포논이 는다는 것은 파동의 진폭이 는다는 것이다. 가열하면 열진동의 진폭이 느는데, 이것은 가열되면 포논의 수가 늘었다고 해도 된다. 그러므로 이 포논은 초음파나 중성자를 쬐서 인공적으로 발생시킬 수도 있는데, 실은 이미 열에너지로서 여러 가지(진동수를 가진) 포논은 자연스럽게 이미 발생되고 있다.

중성자가 포논을 만드는 경우에는 그만큼 운동량이나 에너지를 잃기 때문에 녹초가 되어 산란되는데, 반대로 포논이 꺼지고 그것이 가지고 있던 운동량이나 에너지를 중성자에게 주어 힘을 얻은 중성자가 산란되어 나오는 일도 있다. 실은 앞에서 얘기한 중성자의 감속이라는 것도 실은 많은 포논을 만들어내서 녹초가 된 중성자가 된 것과 같다. 단지 유감스러운 일은 일반적으로 결정의 굳기를 푸는 정보를 가지고 산란되는 중성자의 수는 아주 적다. 바꿔 말하면 이런 과정을 밟고 산란되는 때의 타율(단면적)은 그야말로 엄청나게 작다. 그러므로 삼류의 약한 중성자가 출력되는 원자로에서는 이런 고급(?) 실험은 불가능하다. 이 원자의 운동을 조사하는 데 사용되는 산란은 중성자와 시료가 에너지를 주고받기 때문에 중성자에서 보면 '비탄성 산란'이 된다. 그래서 이 비탄성 산란은 어떻게 측정하는가는 다음 절에서 얘기하기로 한다. 그러나 뛰어넘어서 그다음 절로 나아가도 별 지장은 없다.

중성자 비탄성 산란 장치(〈그림 26〉 및 권두 그림)

원리는 아주 간단하다. 시료로 산란된 뒤는 중성자의 에너지가 어떻게 변하는가 조사하면 된다. 앞에서 설명한 장치(그림 26)에는 이 산란된 중성자 에너지도 조사할 수 있게 에너지 해석기A가 달려 있다. 이 해석기는 단색화용 모노크로미터와 똑같은 것을 하나 더 달면 된다. 이런 장치를 '3축형 중성자 분광기'라고 부른다.

녹초가 된 중성자는 운동 에너지가 줄었으니까 파장은 그 몫만큼 늘어 있다. 따라서 해석기로서 모노크로미터와 같은 인공흑연을 사용하면 다른 브래그 반사각(크게)으로 하지 않으면 산란하지 않는다. 만일 중성자가 반대로 포논으로부터 에너지를 얻어서 나갈 때는 거꾸로 조금 작은 듯한 산란각을 취하지 않으면 산란이 검출되지 않는다. 실제의 장치에서는(권두 그림) 이들 모두가 컴퓨터로 계산되어 기계는 자동적으로 움직여 데이터를 집적·해석하게 되어 있다.

덧붙여 얘기하면 중성자의 산란 실험에는 결정에 의해 단색화하는 것 외에 '비행시간 법'이라는 것도 흔히 쓰인다. X선인 경우는 그것이 광속으로 날아오므로, 다음과 같은 동작은 할 수 없으나 중성자는 비행 속도가 느리고 음속보다 조금 빠른 정도이기 때문에, 예를 들어 빔의 진행 방향에 따라서 두 개 또는 그 이상의 셔터(관문)를 만들어, 그 한쪽이 일정 시간만 늦게 열리게 해놓으면 속도가 제멋대로인 중성자는 무사히 통과할 수 없고, 일정한 속도 즉 파장을 가진 단색중성자만을 통과하게 할 수 있다.

이렇게 하여 결정으로 반사하지 않아도 단색중성자 빔을 꺼낼 수 있는데, 이 경우에는 펄스상의 중성자가 나오게 된다. 보통 두 개의 회전자(로터)로 이 관문을 만들게 되므로, 예를 들면 100분의 1초마다 펄스상의 중성자를 꺼낼 수 있다. 이것을 시료에 쬐어 산란시키면 에너지가 준 중성자 펄스는 이번을 느린 속도로 나오므로 시료에서 먼(수m) 곳에 계수관을 놓고 그 일정 거리를 날아가는 소요 시간을 재면 느려진 중성자 속도(에너지)를 알게 된다. 방법은 아주 다르지만 모두 결정 내의 원자 운동에 관한 지식을 얻는다. 그런데 그런 귀중한 정보를 가지고 나오는 중성자 수는 앞에서 얘기한 것처럼 아주 적다.

이용할 수 있는 중성자 수

대체 어느 정도의 중성자 수가 시료에 충돌하여 어느 만큼의 수가 관측되는가에 대해서 설명한다.

예를 들면, 중급의 중성자 선속을 가진 일본 원자력연구소의 JRR-2라는 원자로를 예로 들면, 노 안에는 매초 1㎠ 단면을 10^{14}개의 중성자가 통과할 만큼 많은 중성자가 있다. 그러나 그 중성자는 아주 제멋대로의 방향으로 매초 수㎞의 속도를 중심으로 하여 그 속도도 분포되어 존재한다. 원자로 벽에 빔 구멍을 뚫고 방향만 가지런한 중성자로서 모노크로미터 방향으로 꺼낼 때(〈그림 26〉 참조)는 이미 매초 1㎠당 10^{10}개 정도로 수가 격감되어 버린다. 즉, 모처럼의 중성자 수의 1만 분의 1밖에는 이용하지 못한다. 원자로 속에서 다른 방향으로 날아가는 중성자는 결국 단념할 수밖에 없다. 이 10^{10}개의 중성자는 진행 방향은 거의 가지런하지만 속도, 즉 파장은 아직 제멋대로이다.

이 속도를 인공적으로 가지런히 하는 것은 불가능하다고 해도 과언이 아니다. 할 수 없이 백색 중에서 소용없는 중성자를 다시 버려야 비로소 방향도 가지런히 되고 파장도 정해진 중성자선이 얻어진다. 이렇게 버림으로써 다시 수가 격감하므로 결국 시료에 충돌하는 것은(즉 이용할 수 있는 중성자) 1㎠ 매초당 10^6개 정도가 된다. 빛이나 전자선과 달라 전기장이나 자기장 등을 이용한 렌즈로 집속할 수도 없고 방해물을 오로지 버리는 외에는 다른 방법이 없는 것이 애석하다. 그러나 어떻게든 최대한으로 유효하게 사용하여 능률을 올리려고 하는 노력은 항상 연구자 사이에서 시도되고 있다.

그래도 결정 구조를 결정하는 '브래그 산란'에서는 매초 10^2개에서 10^3개 정도의 중성자가 산란되어 계수관에 날아들어 오기 때문에 비교적 단시간 안에 데이터를 얻게 된다. 그런데 앞에서 얘기한 원자 운동을 살피기 위한 '비탄성 산란'은 매초 1개나 2개라는 식으로 날아온 중성자를 하나하나 헤일 수 있을 만큼 조금밖에 산란되지 않는다. 어려운 실험에서는 1분간에 1개인 경우도 있다.

그래서 아무래도 원자로 자체가 강력하지 않으면 안 된다고 해서 프랑스나 미국에서는 초일류 원자로가 설치되어 활발히 연구되고 있다. 이런 실험을 하고 있으면 1개의 중성자라도 아주 비싸다는 느낌을 받는다.

이렇게 하여 해명된 원자 운동의 대표적인 예를 들겠다.

원자 운동의 순간 촬영

규칙적으로 원자가 배열된 격자에서 원자가 어떻게 신동하고 있는가는 물성을 연구할 때 기본이 되는 아주 중요한 사항이지만 그것을 소개하려면 조금 정도가 높아지는 동시에, 여기서는 물성보다도 중성자에 주안점을 두기 때문에 그 방면에는 그다지 깊이 들어가지 않도록 한다.

여기서는 이 비탄성 산란(非彈性散亂)을 통하여 액체에 있어서 원자의 동작을 어느 정도 알게 되는가 예를 들어 설명한다. 중성자는 결정뿐만 아니라 녹은 상태에서의 원자 운동도 추적할 수 있다.

액체는 결정과 같이 원자가 일정한 장소에 있어서 작은 진동을 하는 것이 아니고 A원자의 이웃에 있는 B원자가 위치를 교환하거나, 다시 C원자라는 멀리 있는 원자가 오기도 하고 B가 멀리 달아나기도 한다. 또 원자는 강성구(剛性球)에 가깝기 때문에 A와 B는 어떤 거리 이내로는 접근하지 못한다. 그렇다고 해서 가스체와 같이 충돌도 하지 않고 날아다니는 것도 아니고 대략 여러분의 머릿속에 그리고 있는 이미지에 가까운 것이다. 마치 축제 때의 인파, 북적거리는 붐빔과 같은 상태라고 생각하면 된다. 예로 납이 녹은 상태를 알아보기로 한다. 납의 1개의 원자 A에 주목해보자. 먼저 시각 O에서 A는 어떤 원점 P에 있었다고 한다. 시간이 지나면 A는 밀리고 밀려서 P점에서

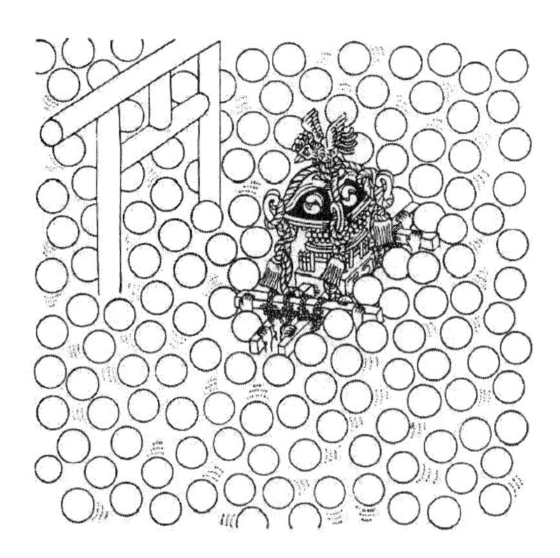

원자 수준에서의 액체 이미지는 마치 축제의 번잡함과 같다

떠나게 된다. 남쪽으로 갔다가 북으로 갔다가 점점 그 범위가 커진다. 시간이 그다지 지나지 않았을 때는 원래 있던 P점 근처에서 발견될 확률이 많지만, 시간이 지남에 따라 그 범위가 넓어지므로 A를 발견할 수 있는 확률 밀도는 아주 넓게 분포하게 되고, 그 대신 다른 원자가 올 확률이 늘어난다. 이 현상을 'A원자의 확산'이라고 부른다. 대체 납과 같은 원자인 경우에 어느 만큼의 시간이 지나면 얼마만큼 확산될까? 이 문제가 하나이고, 둘째는 시각 O에서 A가 P점에 있었다고 했을 때, 그보다 t시간 후에, P점으로부터 R이라는 거리에 있는 곳에 다른 원자가 어느 만큼의 확률로 발견되는가 하는 문제이다.

〈그림 41〉은 1959년 브록하우스와 포프가 발표한 시험 결과이다. 그들은 이 중성자 비탄성 산란 실험을(당시에는 출력이 약한 원자로로 했으므로) 며칠 또는 어떤 때는 몇 개월이 걸려 데

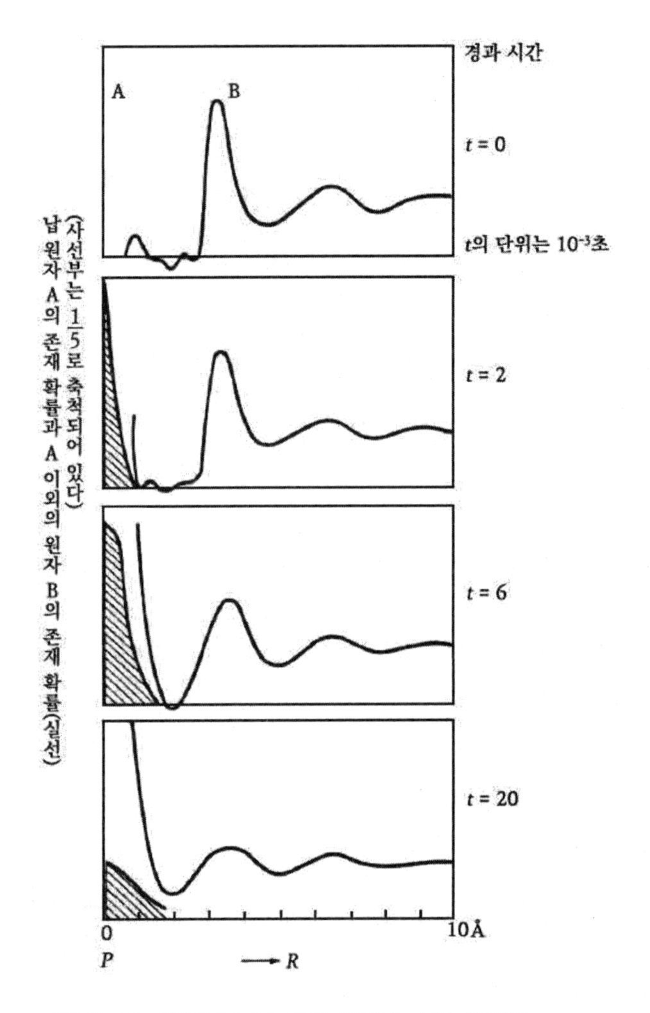

〈그림 41〉 액체상의 납 원자 동작의 순간 촬영(?)

이터를 얻었을 것으로 생각된다.

그렇게 얻은 데이터로부터 계산에 의해서야 비로소 이 그림과 같은 결과가 유도되었다. 그림의 가로축은 시각 O에서 A원

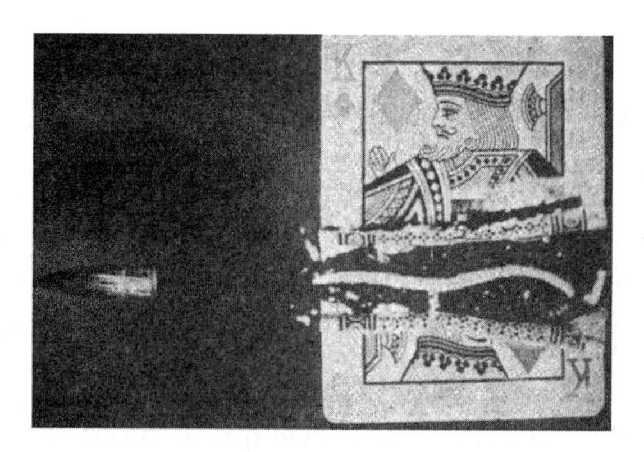

고속도 촬영 사진

자가 있던 점 P를 원점으로, 그로부터의 거리 R을 옹스트롬 단위로 나타낸 것이다. 세로축은 사선 쪽이 A원자가 발견되는 확률이며, 그것이 시간과 더불어 어떻게 변하는가를 보인 것이며, 실선 쪽은 다른 원자가 있을 확률을 '거리 함수'로 나타낸 것이다. 또한 시간과 더불어 어떻게 변하는가는 영화로 보여주면 좋은데, 그것이 안 되므로 한 화면 한 화면 순으로 아래 쪽으로 시간의 경과를 나타낸다. 여기서 t=0라든가 t=2로 나타낸 것은 시간을 10^{-13}초 단위로 보인 것이다. 아무리 우수한 고속 촬영 카메라라도 이 중성자가 할 만한 고속도 촬영은 할 수 없을 것이다. 흔히 탄환이 표적을 꿰뚫는 순간 촬영을 책에서 보게 되는데, 이 고속도 촬영이라도 10^{-6}~10^{-7} 정도의 셔터 속도이므로 그보다 100만 배나 빠른 촬영이다. 그리고 아무리 현미경이 우수하더라도 이런 속도로 원자 수준의 모습을 촬영하는 것은 불가능하다.

그러나 앞에서 측정에 1개월 가까이나 걸린다고 하지 않았는가 반론을 제기할지 모르겠지만 이것은 장시간의 측정을 계산으로 고쳐서 정리하여 순간 촬영상으로 만든 것이다.

먼저 A원자의 확산 모습을 알아보자. t=0에서는 물론 원점, 즉 R=0인 점에 100%의 확률로 A가 있다. t=2, 즉 2×10^{-13}초 지나면, 이제 원점에 있을 확률은 10분의 1로 줄고, 그 대신 조금 스며 나온 곳에 있을 확률은 늘고 있다. t=20에서는 더욱 더 커진다. 그러므로 액체에서는 원자가 같은 곳에 머물러 있는 시간은 10^{-13}초 정도라는 것을 알게 된다. 다음에 다른 원자는 어떨까? t=0에서는 원점에 A원자가 있으므로 공의 반지름의 2배 이내, 즉 약 3Å 이내에는 접근할 수 없고, 그 때문에 3Å 이내에서는 존재 확률이 0% 가까운 값이 나온다. 3.5Å가 되는 곳에 큰 산이 있는데, 이것은 A와 접하고 있는 다른 원자의 존재 확률이 높다는 것을 나타내고 있고, 다시 5Å의 거리에서는 밀단 줄었다가 다시 차례차례로 낮은 산이 계속된다. 이러한 확률 분포는 공이 서로 접촉되어 있다는 증거이다. 시간이 지나면 원래 A원자가 있던 곳에도(A원자가 비게 되는 일이 있으므로) 다른 원자가 오게 되고 다른 원자 분포는 시간이 더 지나면 어디에서든지 발견되는 패턴으로 변하는 것이라고 생각된다. 실제로 그런 경향이 있고 점차 균일한 확률 분포 밀도로 변화해가는 모습을 알 수 있다.

이것은 겨우 한 예인데 액체, 고체를 묻지 않고, 다시 고무와 같은 '비결정성' 원자 배열이나 운동에 대해서도 유용한 정보를 얻고 있다.

13장 유별나게 괴짜인 수소 원자

수소핵과 중성자의 만남

현재 주기율표에는 100종 가까운 원소가 실려 있는데, 중성자와의 관련에 관한 한 수소만큼, 괴짜는 없을 것이다.

이 단순한 원자, 즉 1개의 전자와 1개의 양성자로 이루어진 원자는 더욱이 중성자에게 보이는 것은 양성자뿐이라고 해도 되므로 이만큼 간단한 것은 이밖에는 없을 텐데, 왜 그렇게 유별난가.

이유는 어쨌든 간에 물의 성분의 주인공인 수소와 많은 원소 중에서도 두드러지게 강한 자기성을 나타내는 철의 이 두 가지가 잘도 지구상에 많이 있었구나 하고 감탄하지 않을 수 없다.

만일 지구상에서 철의 양이 적었다면 아마 금보다 훨씬 비쌌을 것이다.

수소핵인 양성자가 가진 특이한 성질은 수소로 만들어진 물질…… 모든 유기물로부터 생체 물질을 포함하여……의 원자 배열을 중성자를 사용하여 탐색하는 데 있어서 아주 불리하게 작용하고 있다. 단지 아주 한정된 반면에서 오히려 유리하게 작용하고 있기는 하지만…….

먼저 제1표로 되돌아가서 수소의 산란 단면적을 보기 바란다. 다른 핵에 비해서 유난히 크다. 그리고 그때, 산란 길이의 제곱을 취하여 그것에 4π를 곱하면 산란 단면적이 나온다고 했는데, 수소(양성자)는 그 법칙에서 크게 벗어나 있다. 동위원소의 중수는 훨씬 얌전한 성질을 가지고 있다.

설명을 한 번에 너무 많이 하면 혼란을 가져올 염려가 있어서 수소의 특이성에 대해서는 설명을 자제했는데, 다음 장에서는 수소를 많이 함유하는 생체 고분자 얘기로 들어가게 되므로 수소 얘기를 지나쳐 버릴 수 없게 되었다. 그래서 여기서 새삼스럽게 수소 산란의 모습에 대해서 언급하고자 한다.

'간섭성 산란'과 '비간섭성 산란'

(이 항은 조금 정도가 높으니 생략해도 된다.)

지금까지 산란에는 핵에 의한 산란과 자기성 전자에 의한 산란이 있어서 각각 산란 길이 b와 p로 나타낸다고 설명했다.

그런데 실은 좀 더 자세히 말하면 b는 핵의 스핀 상태에 따라 값이 다르다. 양성자의 핵은 스핀 $I=1/2$이다. 이에 대해 중성자의 스핀 S도 1/2이다. 산란 때는 이 둘이 조합되어 새로운 상태를 만드는데, 핵 스핀과 중성자 스핀이 평행으로 결합해서 합성 스핀 $I+S=1$을 만들 때의 중성자가 보는 산란 길이를 b_+, 반대로 반평행이 되어 합성 스핀 0을 만들 때의 중성자가 보는 산란 길이를 b_-라고 하자. 양성자의 경우 $b_+=1.04\times 10^{-12}$㎝, $b_-=-4.7\times 10^{-12}$㎝이다. 표에 있는 b는 이 평균값을 보였다. 다만 단순한 평균이 아니고 b_+ 쪽이 b_-에 대해서 3배의 무게를 단 평균이다. 이것은 b_+에서 산란될 확률 쪽이 실로 3배 높기 때문이다. 수소를 함유하는 원자가 공간적으로 규칙적으로 배열하여 격자를 만들고 이것에 중성자의 파동이 입사하여 브래그 산란을 일으킬 때는 모두 이 '평균 산란 길이 b'가 작용한다. 정확하게는 이것을 '간섭성 산란 길이'라고 한다. 이것만이라면 수소는 별로 그다지 다른 핵과 다를 바 없다. 만일 b_+와

b_-에 각각 3 : 1의 중률(中率)을 곱하여 평균을 취했을 때, 우연히도 두 항이 거의 소거되었다고 느낄 것이다. 실은 중성자가 양성자에 의하여 산란될 때는 b_+에 의하거나 b_-에 의하거나 어느 한쪽인데, b_+도 b_-도 절댓값으로는 작기 때문에 개개의 산란은 아주 강하게 일어나고 있음에 틀림없다. 예를 들면 b_-가 −4.7이라는 것은 마이너스 값을 취하는 산란이 드물다는 것은 그렇다고 치고 그 절댓값이 엄청나게 크다는 것도 놀랄 만한 일이다. 제1표의 다른 b와 비교해 보라. 만일 b_-의 산란만 일어났다고 하면 산란 단면적은 280반(barn) 가까이나 된다. 이와 비슷한 산란은 실제로 있고 b_+와 b_-의 평균을 취하기 전에 먼저 b_+의 산란과 b_-의 산란이 개별적으로 일어난다고 하고 $b_+^2 \times 4\pi$로 하여 산란 단면적을 만들어 그 무게 평균을 잡아보자. 80반 가까운 값이 될 것이다. 즉, 수소에서는 b_+와 b_-의 산란은 거의 아무런 관련성도 없이 3 : 1의 비율로 개별적으로 일어난다. 이것을 '비간섭성 산란'이라고 한다. 수소는 이렇게 (간섭성 산란이 없다고 하지 않지만) 비간섭성 산란 쪽이 압도적으로 강하다.

만일 비간섭성 산란밖에 없다고 하면 아무리 수소 원자가 규칙적으로 배열하고 있더라도 브래그 산란은 일어나지 않는다. 이미지로 말하면 중성자의 파동은 각 원자와 개별적으로 교섭하여 산란되어 간다. 그러므로 이 경우에는 모처럼의 물질파의 특징도 뚜렷하게 보이지 않게 된다.

괴짜인 수소를 쉽게 말하면

가령 알루미늄에 중성자가 충돌해서 산란되는 경우, 알루미

수소는 우등성이지만 협조성이 거의 없다

늄의 산란 기구는 대부분이 '간섭성 산란'이다. 하나하나의 산란능력은 그다지 강하지 않은데 알루미늄 원자끼리는 팀워크가 잘 잡혀 있어서 결코 제멋대로 중성자와 교섭하여 유리한 값으로 거래하려는 무례한 짓은 하지 않는다. 중성자에 대하여 모두 협력하므로 중성자도 알루미늄 격자 조합으로 정해진 방향으로만 반사되게 된다. 그리고 격자 상수의 2배보다도 긴 파장을 가진 중성자도 그대로 자유롭게 통과하는 권리가 주어진다.

그런데 수소(양성자)란 개별적으로는 산란능력에 관한 한 우등생인데 개인주의자의 모임으로 협조성은 거의 없다. 각각의 양성자는 모두 가게를 벌이고 중성자와 교섭하고 있다. 이런 무리는 격자 모양으로 규칙적으로 배열하든 않든 어차피 중성자에게는 관계없는 일이다. 중성자는 개별적으로 양성자와 교섭하여 전후좌우, 특정 방향도 없이 흩어져 간다. 그러므로 파장이 길다고 해서 자유 통행이 되는 것은 아니다. 또 다른 비유로 말하면, 수소는 중성자파가 가지고 있던 위상을 몹시 혼란에 빠뜨리고 나서 산란시킨다. 수소의 산란을 받으면 중성자는 거의 전부 그때까지 가지고 있던 위상에 대한 기억을 잊어버린다고 해야 하겠다. 비간섭성 산란이라는 것은 이 '기억 상실형 산란'이다.

그러나 수소는 아주 기억을 잃게 하는가 하면 그렇지는 않고 아주 조금은 기억하게 해서 그 몫이 간섭성 산란이 된다.

이러한 수소핵의 특이성은 원래 핵이 스핀을 가지고 있기 때문이다. 그러나 스핀을 가지고 있다는 것만이라면 알루미늄도 핵을 가지고 있는데, 마침 그 산란 길이가 크고, (+)와 (-)이었다는 것으로 그렇게 되었다.

이것은 중성자를 회절에 사용하여 수소를 포함하는 방대한 물질의 구조를 알아내려고 하는 연구자에게는 큰 지장이 된다. 왜냐하면 회절상은 거의 나오지 않고 어느 방향으로도 균일하고 흐릿하게 산란되어 물질 구조에 관한 정보를 가진 브래그 산란이 이 비간섭성이라는 개별적인 산란에 가려져서 거의 전부가 묻혀버리기 때문이다. 그럼 X선의 도움을 빌리면 되지 않는가 하겠지만, X선으로는 핵을 볼 수 없고 또 수소는 화합 상태로는 전자가 조금 다른 데로 벗어나 자기 핵 위에 반드시 있지 않다. 게다가 전자 1개로는 뭐니 뭐니 해도 X선에 대한 산란능력이 너무 약하다.

이렇게 해서 수소는 X선으로부터도 중성자선으로부터도 외면을 당하려 하고 있다. 즉 수소 문제는 아주 어려우며, 그 때문

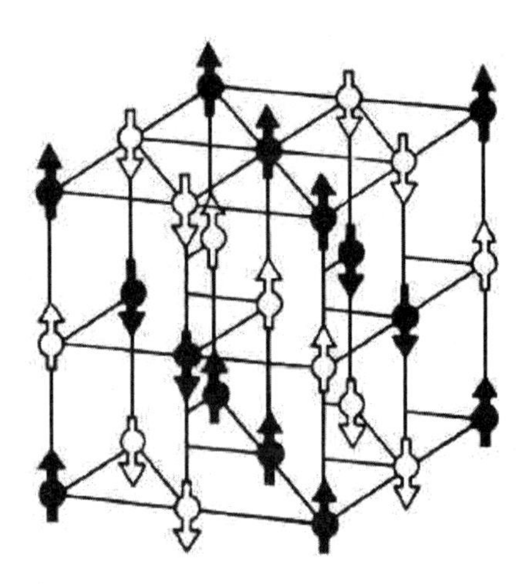

〈그림 42〉 LiH의 원자핵 스핀의 저온에서의 배열. 흰 것은 ^{1}H, 검은 것은 ^{7}Li

에 수소 위치나 그것이 물질 내에서 하는 구실을(다른 물질을 중성자로 안만큼은) 잘 모르고 있다. 그러나 몇 가지 희망을 가져도 되는 것이 있다. 그것은 수소의 동위원소, 즉 중수소는 아주 모습이 그것도 물질로서의 모습은 그다지 변하지 않고…… 중성자에게만 변한다. 그러므로 수소를 모두 중수소로 치환할 수 있다고 하면 비간섭성 산란의 어려움에서 벗어나서 구조를 결정할 수 없기 때문이다.

또 하나는 적당한 산란 조건을 사용하는 일이다. 그것은 수소를 많이 함유하고 있어도 좋지만 대형의 분자가 배열되고 있는 예에 대해서 사용할 수 있는 조건이다. 물질의 구성단위가 원자인 보통 결정과 달리 몇백 몇천이라는 원자로 이루어진 분자단(分子團)이(다소 불규칙하지만) 격자를 만들고 있는 경우가 있다. 이에 비해서 중성자의 파장은 겨우 수Å이므로 브래그 산란에 해당하는 것은 산란각 1°이거나 그 이하라는 아주 작은 각의 산란이 된다. 이때, 흔히 간섭성 강도가 아주 세게 나타나므로 전후좌우 거침없이 산란하는 비간섭 산란을 이기고 관측할 수 있게 된다. 앞의 비유로 말하면 개인주의자의 모임 같은 무리 속에도 아주 작지만 연대 의식이 있으므로 그 연대감을 아주 유효한 각도로 보면 된다는 것이다. 이 중수화와 소각 산란 방법을 짝지은 기술은 생체 고분자의 형상 연구로부터, 더 나아가서 생체 고분자가 생물적 기능을 다하는 모양, 예를 들면 근육 수축이라거나 시신경(視神經)의 광수용 과정의 해명에까지 사용되려고 하고 있다. 이것에 대해서는 다음 장에서 설명하겠다.

지금까지 왜 '간섭성 산란'이 작고 무턱대고 '비간섭 산란'이 컸던가를 반성해 보면, 이것은 b_+로 산란되는 확률과 b_-로 산란되는 확률이 3 : 1로 그 평균을 생각해야 했기 때문이다. 왜 평균을 잡았는가 하면 입사 중성자의 스핀 S가 설령 위를 향하고 있었다고 해도 산란하는 핵 쪽의 스핀 I는 상온에서는 상자성적(常磁性的)이고 위로 향하는 것과 아래로 향하는 것이 모두 있기 때문이다. 그러므로 수소핵의 온도를 아주 내려서 모두 위로 향하게 하거나 모두 아래로 향하게 하고 거기에 편극중성자를 쬐이면 비간섭성은 없어진다.

흥미로운 예로, 최근에 충분히 온도를 낮추면 LiH(리튬하이돌라이드)의 수소핵 스핀이 〈그림 42〉와 같이 가지런하게 되는 것이 확인되었다(실은 ^{7}Li의 핵 스핀도 가지런해진다). 이 경우는 가령 ↑방향으로 편극한 중성자를 그림과 같이 ↑방향이나 ↓방향으로 고루 배열된 양성자핵으로 이루어진 결정에 쬐면 마치 b_+와 b_-의 산란 길이를 가진 원자가 마치 NaCl(식염)의 결정처럼 배열된 것과 같으므로 '비간섭성 산란'은 거의 없고 제대로 브래그 산란이 일어난다. 이것으로 수소뿐만 아니라 핵스핀이 만드는 격자형까지 알게 되었다. 이것은 극히 간단한 예인데, 이렇게 수소핵 스핀이 분극(한 방향으로 가지런히 배열되는 일)하면 중성자는 뚜렷한 수소의 상을 볼 수 있게 될 것이며, 금속 내의 수소에서 생체 내의 수소에 관한 자세한 정보까지 얻는 길도 열리리라 생각된다. 다만, 저온이라고 해도 절대온도로 재서 0.00001°라는 초저온으로 만들 수 있어야 하는 일〔*마이크로파를 사용하여 의사 저온(擬似低溫)을 만들어도 된다〕이므로 쉬운 것은 아니다.

14장 생체 고분자의 중성자 산란

생체 고분자를 본다

생체계의 분자는 아주 크고 분자량도 수만, 수십만이 되며 그것들이 배열하여 격자를 만들었다고 해도 무기 화합물에서 보는 격자 간격에 비하면 10배나 100배 정도 큰 것이 보통이다.

당연히 원자의 배열도 아주 복잡하고, 가령 미오글로빈(Myoglobin)과 같이 결정으로 꺼낼 수 있었다고 해도 회절상으로부터 개개의 원자 위치를 정하는 것은 아주 어렵다. 격자 간격이 큰 만큼, 가령 1.6Å 정도의 열중성자든가, 보통의 특성 X선을 사용하면 '브래그 산란 조건'을 만족하는 점이 1만 개나 생겨 그것들의 강도를 모두 측정하여 원자 위치를 결정하게 된다. 유명한 왓슨-크릭(Watson-Crick)의 DNA의 이중나선 구조도 원래는 윌킨스(Maurice H. F. Wilkins, 1916~) 등의 X선 회절 도형을 기본으로 하여 통찰된 것이라고 하니 이러한, 이를테면 짧은 파장에서의 회절상을 조사하는 것도 중요하다. 예를 들면, 미오글로빈 결정의 수소를 중수소로 치환하여 수소 결합이 있는 곳을 알아내려는 연구가 중성자 산란을 사용하여 진행되고 있다. 그러나 지금부터 얘기하려는 것은 그런 개개의 원자가 어디에 있는가 하는 얘기가 아니고 더 광범위한 관점에서 보려는 것이다. 그편이 오히려 분자 전체로 대강을 알게 되고 생체 활성과의 관련을 파악하는 데도 편리할지 모른다. 이것은 박테리아가 어떤 모습을 하고 어떻게 움직이는가 하는 따위의 현미경적인 관점에 한 발자국 다가섰다고 할 수 없는 것은 아니고, 원자 배열보다도 분자 형태를 알게 된다고 해도 좋겠지만.

소각 산란의 효용

많은 생체 고분자는 구상(球狀)의 것은 지름 200~300Å, 판상(板狀) 또는 막상(膜狀)의 것은 100Å 안팎의 두께인 것이 단독으로, 또는 말린 형태로 존재한다.

이 100Å 안팎 크기의 것이 생체 기능의 담당자로서 상당히 중요한 구실을 하고 있다는 것이 근년에 와서 밝혀졌다.

X선을 써서 해도 중성자선을 써서 해도 되는데, 이러한 입자선 산란이나 회절이 중요하다는 배경에는 다음 두 가지를 생각할 수 있다.

하나는 개략적이긴 해도 아무튼 분자 수준에서의 분자 집단이나 원자 집단의 배치, 즉 구조를 아는 일이다. 이때 앞에서 설명한 것과 같이 여기에는 질소 원자가, 저기에는 산소가 하는 식으로 개개의 원자 위치를 아는 것이 아니고 어디에 단백질이, 여기에 탄화수소의 사슬 무리가…… 하는 더 대국적인 것을 파악하려고 하는 것이다. 그것을 하는 것이 '소각 산란'이다. 이러한 산란의 특징, 실험 방법, 성과는 나중에 얘기하겠다. 또 하나 중요한 것은 이들 배치가 시시각각으로 변동하는 생체 고분자의 특징이다.

즉, 생체로부터 조직을 잘라내도 여전히 일정 시간 동안 살아 있는 경우가 많고, 그것들은 밖으로부터의 자극, 예를 들면 전기나 빛에 의하여 스스로 모습을 바꾼다. 이때 분자 수준의 세계에서 어떻게 모습을 바꾸는가는 생명 현상의 수수께끼를 푸는 데 중요하다고 생각된다. 또는 자극이 없는 상태에서도 생체 고분자라면 비생체 고분자와는 다른 진동을 하는지도 모른다. 이런 동적(動的)인 것은 아직 연구가 시작되었을 뿐이므로, 앞으로는 X선과 중성자에 의한 연구가 서로 결점을 보완하는 형태로 발달해 갈 것이다.

이러한 분야의 연구는 일괄해서 소각 산란이라는 기술에 의존하고 있다. 원리는 X선이든 중성자선이든 거의 변함이 없고 다른 것은 앞에서 얘기한 '산란 길이'이다.

여기에 중요한 문제가 하나 있다. 그것은 생체 고분자의 구성 원자의 주역 중 하나가 수소라는 점이다. 그런데 중성자를 수소를 함유하는 물질에 쬐이면 구조 정보를 가진 산란(간섭성 산란)은 거의 나오지 않고 무턱대고 산란하는 (위상 정보의) 기억 상실형 산란(비간섭성 산란)이 대부분이라고 했다. 이것은 아주 애석한 일이다. 이것을 극복하기 위해서는 수소를 중수소로 바꿔 놓으면 된다고 했는데, 금속 중의 수소라면 몰라도 생체의 수소를 중수로 바꿔치는 것은 쉽지 않고, 설사 되었다고 해도 조금 고등한 생물은 중수에서는 생명을 유지할 수 없다고 한다. 그렇다고 무슨 수가 없는가 하면 그렇지는 않다.

이제부터 얘기하려는 '소각 산란'에서는 구조의 정보를 가지고 나오는 앞쪽으로의 산란(간섭성)은 터무니없이 강도가 세고 방해가 되는 비간섭성 산란을 단번에 능가해버릴 정도이기 때문이다.

이렇게 강도가 세게 되는 것은 이 밖에도 큰 이점이 있다. 그것은 회절 패턴 촬영이 순간적으로 되기 때문에 중요한 생체 고분자가 살아 있는 동안에 정보를 얻을 수 있다든가, 어떤 의

미에서의 화학 반응의 프로세스를 순간순간의 촬영으로 볼 수 있기 때문이다. 이때는 앞에서 액체 동작을 촬영하는 데 몇 개월이나 걸려서 얻은 데이터로부터 순간 촬영상을 만드는 것과 달리 진짜로 수초 이내라는 단시간에 촬영이 끝나는 일도 적지 않다.

이러한 유용성은 이미 십수 년 전부터 유럽에서 논의되어, 이 '소각 산란'을 큰 목표로 한 새로운 원자로가 ILL연구소에 만들어졌다는 것은 앞에서 얘기했다.

그럼 어떻게 물체를 보는가를 다음에 간단한 예에서 보기로 하자.

둥근 물방울에 의한 중성자 산란

가장 간단한 예로 N개의 물 분자를 n개씩 모아 물방울을 만들어 그런 증기에 파장 4Å의 중성자를 쬐었을 때 어떤 산란이 일어나는가를 계산해 보았다.

〈그림 43〉을 보자. 이것이, 아주 개략적인 계산 결과이다. 이것으로 비간섭성 산란과 간섭성 산란이 어떻게 변하는가를 보인 것이다. 비간섭성 산란은 하나하나의 수소 원자가 중성자와 각각 개별적으로 작용하여 산란되며 전혀 강조성이 없는, 이를테면 입사 중성자와 산란 중성자의 위상 관계를 무시한 것 같은 산란이다.

그러므로 물 분자나 수소 원자나 모이든 배열하든 굳어지든 관계없이 총수 N에 비례할 만큼의 산란을 하며, 그것은 산란각에 따르지 않는다.

물방울을 아무리 크게 하든 총수에는 변함이 없으므로 항상

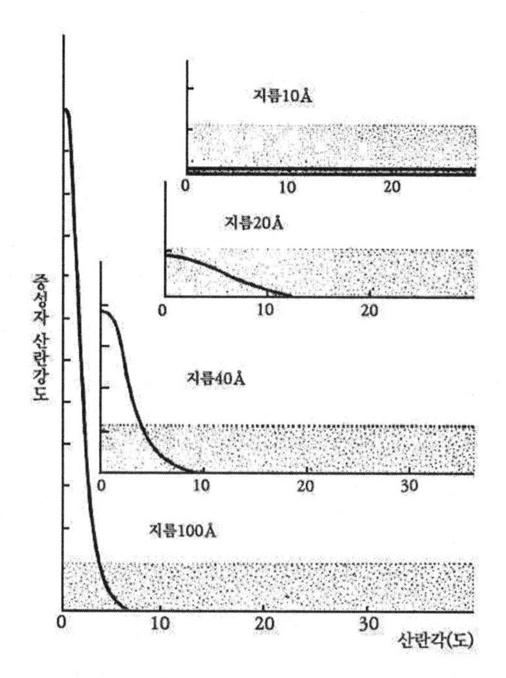

〈그림 43〉 물방울의 중성자 소각 산란

일정값을 취하며 그것을 점으로 나타냈다. 그런데 물방울의 물 분자는 어떤 한정된 장소에 몰려 있으므로(*아무리 수소 원자가 기억 상실형이라고 해도 조금은 기억을 가진 간섭성형의 산란능력이 있다. 〈제1표〉의 b=-0.374가 그것이다), 적지만 간섭성인 기억이 남는 산란이 있다. 거기서부터 n개의 물 분자가 모여 어떤 '크기'의 공을 만들고 있는가 하는 원자 배열(이 경우에는 결정과 같은 주기성은 없지만)의 정보를 반영하여 산란된다. 이 부분은 굵은 선으로 나타냈다. 지름 10Å이라는 작은 물방울 모임으로 되어 있을 때는 그림에서 보는 것처럼 이 간섭성 산란은 비간섭성 산란이라는 잡음 속에 매몰되어 있으므로 그것에서 물방울 지름을 알아내는 것은 아주 어렵다.

그런데 지름이 점차 커지면 이 간섭성 부분은 자꾸 강해져서 지름 100Å 가까이 되면 이제는 비간섭성 산란 따위가 있어도 문제가 되지 않는다. 흥미로운 것은 지름이 큰 공으로 된 계(系)의 산란은 산란각을 조금 크게 하기만 해도 쑥 강도가 떨어진다. 반의 강도가 되었을 때의 각도는 대략 그런 지름에 반비례되어 있다.

이제 잘 알았으리라 생각하지만, 일반적으로 큰 넓이를 가진 물체의 회절상은 산란각이 작은 곳에 집중적으로 강하게 나온다. 이것은 물리적으로는 공의 각 곳에서 산란된 중성자가 공이 나올 때 간섭한 결과이다. 이렇게 생각하면 산란상은 반드시 결정과 같이 주기적 배열을 가진 물체에만 나타나는 것은 아니다. 예를 들면, 뿔뿔이 존재하는 박테리아나 바이러스로부터도 1개의 바이러스 자신이 가진 모양이 나온다. 이 물의 예는 아주 산란체로서는 불리한 것을 보기로 들었다. 그 까닭은 수소에 의한 비간섭성 산란이 강한데도 정보를 가진 물 분자의 간섭성 산란이 아주 작은 보기이기 때문이다. 〈제1표〉의 b 값을 이용하여 간단히 어림잡으면 물 1분자의 간섭성 산란의 세기는 가장 강한 곳이라도 비간섭성 산란의 세기의 500분의 1밖에 안 된다. 그럼에도 불구하고 모여서 형태를 이루면 소각산란으로 크기의 정보가 나오는 것은 고마운 일이다. 물론 더 자세한 정보도 얻을 수 있다. 예를 들면, 물방울 대신에 속이 빈 고무공과 같은 모양이면 그 나름대로의 모양이 반영되어 나온다. 이 경우는 산란각과 함께 단조롭게 감소하지 않고 〈그림 45〉의 (c)와 같이 조금 파도치면서 감소한다.

〈표 3〉 생체 고분자의 평균 산란 길이(산란 밀도 $\bar{b}$. 이 밖에 많은 고분자의 그것이 알려져 있다

RNA*	+0.035	(단위 10^{-12}㎝·$Å^{-3}$)
단백질	+0.015~0.023	〃
지질(머리부)**	+0.018	〃
탄화수소 사슬$(CH_2)n$	−0.0028~−0.0034	〃
물, H_2O	−0.00562	〃
중수, D_2O	+0.06404	〃

*RNA : 리보 핵산, 생체 내에서 정보를 전달하는 중요한 고분자, O, H, N, P를 함유한다.

**지질 머리부 : 친수성으로 RNA와 마찬가지로 O, H, N, P를 함유한다.

어쨌든 보기에서도 알 수 있듯이 100Å 가까운 크기의 구상(球狀)의 생체 고분자가 있다고 하면 그 크기나 모양이 중성자의 소각(전방) 산란으로 아주 능률적으로 파악할 수 있을 것이 예상된다.

사실 100Å 안팎의 것이 바이러스 가운데는 상당히 많다. 물론 1000Å도 있고, 더 강한 산란이 되겠지만 그 대신 산란각은 1° 이하가 되기도 한다.

평균 산란 길이(산란 길이 밀도 $\bar{b}$)

이런 고분자로부터의 산란에 하나하나의 수소나 산소 원자의 산란 길이를 사용하여 산란 모습을 계산할 필요는 없다.

다행한 일은 생체 고분자는 더 큰 규모의 원자 집단인 단백질이라든가 탄화수소 사슬이 구성 요소로 되어 있는 경우가 많고, 따라서 산란 길이도 이들 단백질이나 탄수화물 내의 구성

원자의 산란 길이로 평균을 잡은 대표적인 산란 길이(산란 길이 밀도)를 사용하면 된다. 이 평균적 산란 길이의 몇 가지 대표적인 것을 〈표 3〉에서 볼 수 있다.

생물이 이러한 소개 하나만으로 되어 있는 일은 우선 없다고 해도 되며, 이것들이 여러 가지 모양으로 조합, 배치되어 생체 고분자를 만들고 있다. 예를 들면, 구상 바이러스는 RNA와 단백질〔RNA와 달라 인(P)을 함유하지 않는다〕로 이루어지는데 그것들이 어디쯤에 있는가가 문제가 된다.

그것을 아는 데는 다행히도 '콘트라스트 변화법'이라는 좋은 방법이 있다.

콘트라스트 변화법

이 방법은 이제부터 측정하려고 하는 고분자를 물에 담근 상태에서 중성자 산란을 하게 하여 구조를 결정하는 일이다.

물이라고 해도 순수한 물 H_2O에서 점점 중수 농도를 늘린 여러 가지 물을 준비한다. 물론 순수한 중수까지 사용할 수 있다. 물의 $\bar{b}$는 (-)값이 크고, 또한 중수의 $\bar{b}$는 (+)로 큰 값을 취하고 대개의 생체 고분자의 $\bar{b}$는 모두 이 범위 안에 들어 있다. 그래서 이러한 고분자를 농도를 바꿀 수 있는 물-중수액에 담가 보자. 그리고 산란을 재면 산란 모양이 두드러지게 변한다. 이유는 아주 간단하다. 검은 고양이는 대낮에 보면 주위와의 콘트라스트가 크기 때문에 그 크기를 잘 알 수 있는데, 어둠 속에서 보면 눈만 보이므로 얼핏 보아 작은 물체처럼 보인다(그림 44). 즉, 같은 물체라도 주위 상태의 여하에 따라서 다르게 보인다. 작은 광물의 미결정의 굴절률을 아는 데는 농도

〈그림 44〉 검은 고양이는 어둠 속에서 안구만 보인다

에 따라 굴절률이 다른 액체에 담가 보아 보이지 않게 되었을 때의 농도인 액체의 굴절률이 그 결정의 굴절률이라는 결정법이 있는데 그 방법과 조금은 비슷하다.

〈그림 45〉에는 거죽과 내용이 다른 평균 산란 길이 $\bar{b}$를 가진 공을 적당하게 $\bar{b}$가 다른 액체에 담갔을 때의 산란 길이의 분포도와 그것을 중성자성 산란으로 보았을 때의 모양을 보였다. A는 공을 그대로 보았을 때, B는 거죽과 같은 $\bar{b}$로 조합한 물-중수 혼합액에 담갔을 때이며, 이때는 겉보기로는 공이 작아진 것처럼 보이므로, 앞에서 설명한 간섭 효과로 인해서 산란은 반대로 각도가 큰 곳에 넓이를 가지게 변한다. C에서는 이번에는 알맹이와 액이 같은 $\bar{b}$가 되었을 때이며, 이 경우에는 지름이 큰 속이 빈 공처럼 보이고 산란은 소각 쪽으로 집중된다.

가령, 지금의 예에서 (B)와 같이 산란이 퍼졌을 때, 액의 $\bar{b}$가 단백질의 $\bar{b}$와 같다면 이 공의 거죽은 단백질 분자로 구성되었다는 것이 된다.

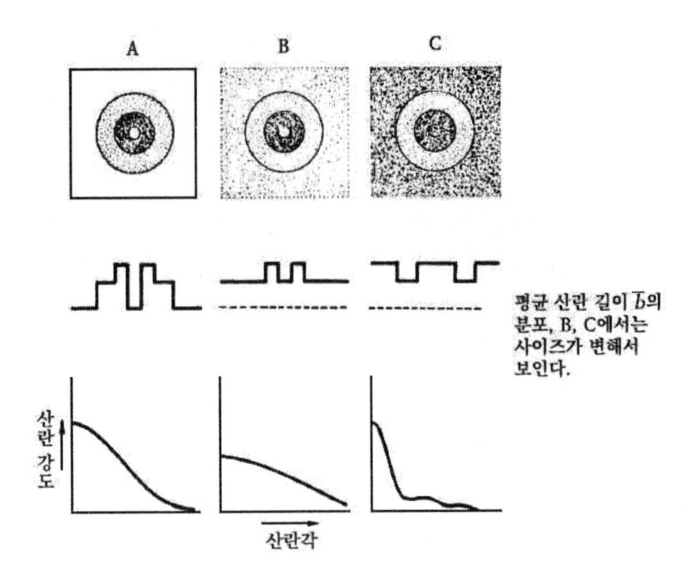

〈그림 45〉 물-중수 혼합액에 담갔을 때 (B, C)의 겉보기 사이즈 변화와 그것에 대응하는 패턴 (B)에서는 산란이 넓어지고, (C)에서는 좁아진다

실례

이 모델과 같은 일이 실제로 관측되고 있다.

여기서 〈그림 46〉에 보인 예는 가장 간단한 것이며 정이십면체라고 하며 거의 구상인 메추라기 콩에 생기는 반점병(斑點病) 바이러스이다. 그 대략의 외형은 X선이나 전자현미경을 사용하여 알려졌는데, 알맹이 구조(라고 해도 실눈을 뜨고 본 개략적인 구조인데)는 중성자 산란으로 틀림없는 것이 되었다.

이 바이러스는 그 알맹이 쪽에 RNA가 있고 그 바깥쪽은 이 RNA를 주형(鑄型)으로 만들어진 단백질로 덮여 있다. 그 모양은 〈그림 47〉과 같다. 즉, 단백질 거죽 안쪽에 RNA의 팔소가

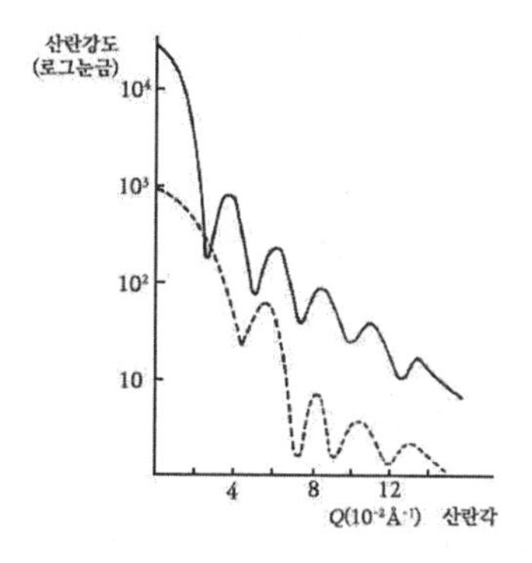

〈그림 46〉 메추라기콩에 붙는 판점병의 바이러스(위). 그 중성자 산란(아래)

들어 있는 모양이다. 〈그림 46〉의 실선은 약 70%의 중수에 담갔을 때이며, 이때는 알맹이인 RNA와 같은 $\bar{b}$로 되어 있으므로 거죽 단백질만이 보이고, 이것이 반지름이 크기 때문에 산란은 작은 각도 쪽으로 밀린다. 점선 쪽은 이번에는 단백질과 같은 $\bar{b}$를 가진 42%의 중수에 담갔을 때이며, 이때는 알맹이의 RNA밖에 보이지 않으므로 겉보기로는 공이 작고, 따라서 산란각이 큰 쪽으로 퍼진 것 같은 산란이 보인다. 또 이러한 형태의 변화만이 아니고 강도 변화도 해석에 중요한 실마리가 된다.

이런 종류의 바이러스는 많이 조사되어 있어서 그 대부분이 앞에서 얘기한 ILL연구소에 이루어진 것이다.

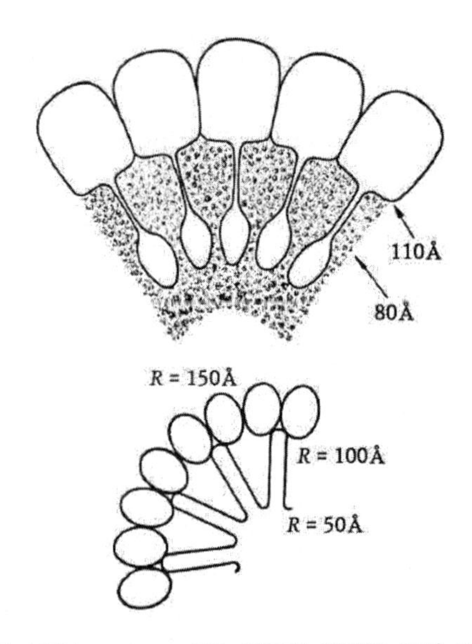

〈그림 47〉 소각 산란(콘트라스트법)에 의하여 결정된 구상 바이러스의 보기

생체 내의 지질 이중층막

생체막은 단백과 지질(脂質)로 이루어진다.

앞에서 얘기한 구상과는 달라 이중층상의 구조를 가진 지질막도 생체의 중요한 기능을 담당하고 있는 것 같고, 최근에 급속히 연구가 진행되고 있다. 이 생체막은 신경의 외적 자극에 의한 흥분이나 그 전달, 또는 세포가 외액(外液)으로부터 특정 물질만을 선택적으로 받아들이는 기능이나 에너지 변환 등의 담당자로서의 중요한 기능을 가진 부분이다. 거기에는 많은 종류가 있고, 간단한 것은 인공적으로 만들 수 있는 이중층막도 있다[예를 들면 레시틴(Lecithin)]. 다만 막이 뿔뿔이 있는 것보다는 가급적 가지런히 겹쳐진 편이 회절 강도가 강하게 나와서

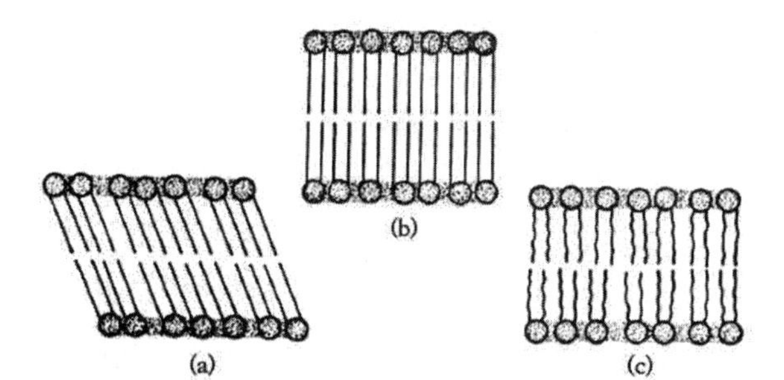

〈그림 48〉 지질 이중층막의 이중 구조. 공은 지질 분자의 머리부, 거기에서 나오는 2개의 선은 각각 탄화수소 사슬을 나타낸다. (a) Lβ'상 (b) Lβ상 (c) Lα상

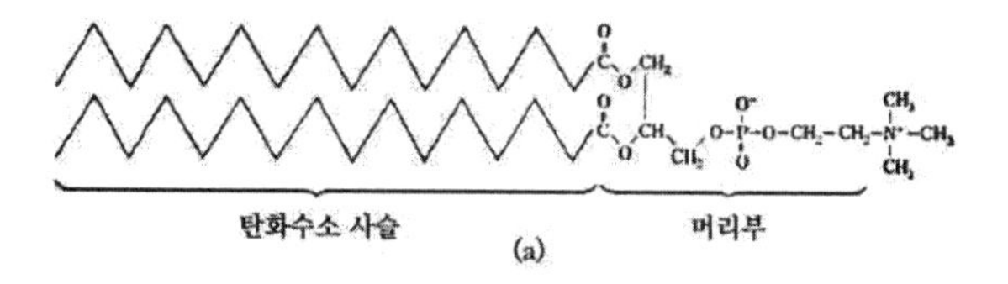

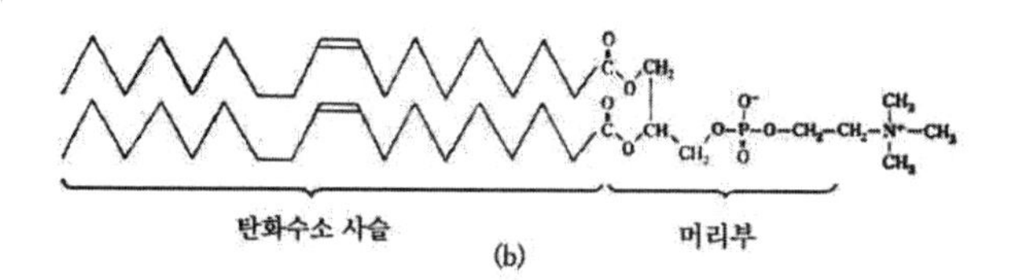

〈그림 49〉 인지질의 화학 구조식

연구하기 쉬우므로 신경의 축색(軸索)을 나이테 모양으로 둘러싸는 '미엘린(Myelin)'이라는 이중층막이나, 호염균(好鹽菌)에 생기는 배열성이 좋은 자막(紫膜)이나, 망막의 간체외절(稈體外節)에 있는 광수용기로서의 이중층막 등이 연구 대상으로 거론되고 있다.

이들에 공통하는 지질 이중층막이라는 것은 〈그림 48〉과 같이 길쭉한 고분자의 사슬이 솔처럼 마주 보고 배열된 구조로 되어 있다.

이 1개의 고분자도 〈그림 49〉와같이 2개의 탄화수소 사슬 $(CH_2)_n$과 그것을 연결하는 머리부로 이루어지고, 머리부에는 산소나 질소 외에 인이 붙어 있다. 그 때문에 머리 부분은 수소가 비교적 적고, 중성자에 대해서는 상당히 (+)의 평균 산란길이를 가지므로 중성자로 보면 머리부와 꼬리부의 구별이 쉽다. 이것에 관해서도 흥미 있는 연구가 많은데, 그 대부분은 앞에서 얘기한 중수액에 담가서 하는 '콘트라스트 변화법'에 의하여 분자 배열을 알게 되는 것을 이용하고 있다.

예를 들면, 〈그림 50〉은 개구리의 망막에서 꺼낸 간체외절의 이중층 중성자 회절상이다. 이 외절의 이중층막은 중수가 섞인 링거액 속에 담겨 있는데 막면 배향을 가지런히 하는 데에 16000G의 자기장 속에 놓인다. 그렇게 되면 액정(液晶)과 같이 자기장 방향으로 분자가 정렬한다. 한 방향으로 배열한 증거로는 8개의 피크가 모두 세로 방향으로 배열된 것으로 알 수 있을 것이다.

지금 이것에 빛을 대서 광수용기가 분자적으로 어떻게 동작하는가 알아보려고 한다. 대체 망막의 중요한 부분은 이 지질 이중층막 외에 로돕신〔Rhodopsin, 시홍(視紅)〕이라는 특수한 단백질 분자(반지름 50Å 정도)가 군데군데 있어서 막에 빠져 들어가려고 하고 있다는 것이다. 빛을 대면 〈그림 50〉의 4개의 피크는 두드러지게 강도가 변화한다. 이것을 해석하면 빛을 쬐임으로써 로돕신이 막의 안쪽으로 7Å 정도 파고드는 결과를 얻었다. 이 결과가 진짜로 올바른가 어쩐가에 대해서는 현재도

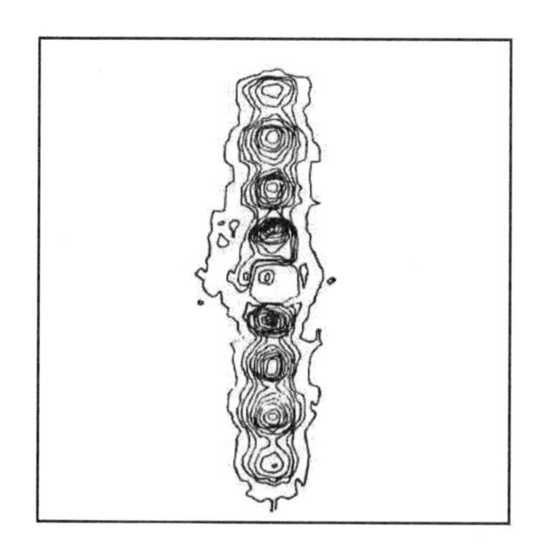

〈그림 50〉 개구리 망막의 중성자 회절상

아직 정밀도에 의문이 있는 것 같지만, 중성자를 사용한 생체 고분자 구조를, 특히 생체 기능과 결합한 실험의 한 예를 보인 것 같다.

지금까지 설명한 구상이나 층상으로 배열한 생체 고분자는 모두 크기나 두께가 크면 300Å, 작아도 수십Å 정도이므로 여기에 4~10Å 정도의 중성자를 쬐이면 그 산란각은 1 또는 10° 정도의 소각으로 집중한다. 그것을 어떻게 능률적으로 측정하는가는 생체 고분자 연구에서는 특히 중요한 문제인데, 현재 능률이 좋은 것은 1초 이내에서 측정이 끝나는 것도 있다고 한다. 보통은 수분에서 길어도 1시간의 노출로 끝나는 것 같다. 그 능률을 알기 위해서, 실제 어떤 패턴이 어떻게 표시되는가를 알기 위하여 〈그림 51〉에 개구리의 좌골신경의 미엘린막(Myelin 膜)을 중수의 링거액에 담갔을 때의 2차원 카운터에 나타난 산란강도의 입체상을 보인다.

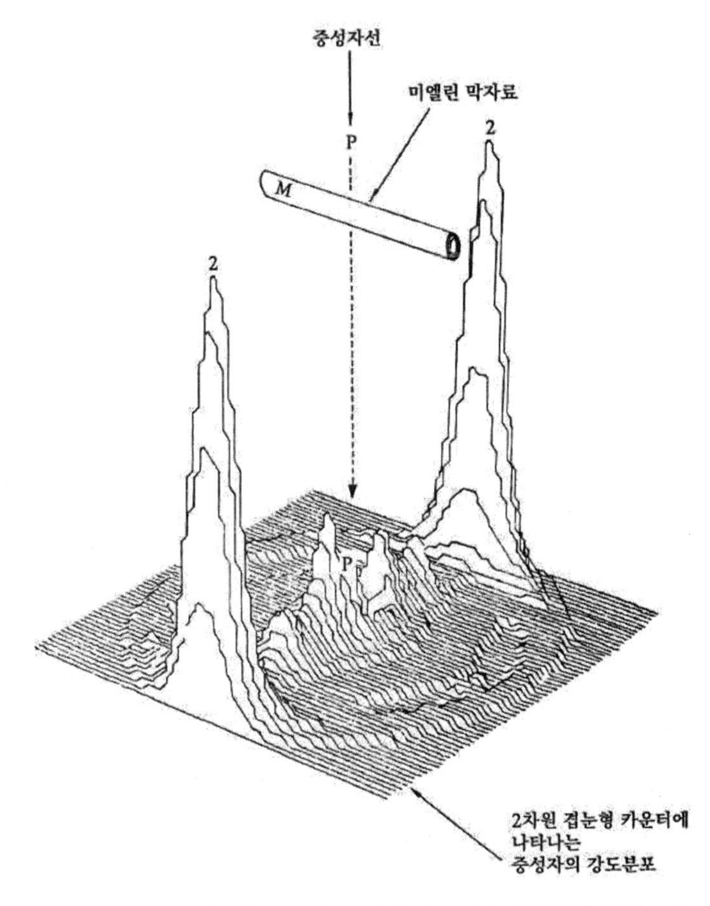

〈그림 51〉 2차원 겹눈형 카운터에 나타나는 산란 중성자의 강도 분포

시료로서는 4개의 신경 섬유를 합쳐서 지름 1㎜, 길이 1㎝의 막대 모양을 한 것으로 사용한다. 중성자의 파장으로는 9.6Å의 것을 사용하며, 시료로부터 2.35m가 되는 곳에 앞에서 얘기한 2차원적인 겹눈 카운터(〈그림 16〉, 〈그림 17〉)를 놓고 43분간의 노출로 찍은 것이다. 이 예에서는 2.35m로 시료에서

카운터까지의 거리가 비교적 짧아서 문제가 없으나 좀 더 소각 산란을 먼 곳에 카운터를 놓고 찍을 때는 산란 중성자 전체가 날아가서 카운터에 닿을 즈음에는 수㎝쯤 중력으로 처진다.

겨우 예를 하나 들었는데, 더욱더 빨리 촬영을 마치도록 모든 기술면에서 개량이 시도되고 있다.

근시 궤도 복사광(近時執道領射光 : SOR)을 사용하는 강력 X선원이 만들어져 X선 회절의 위력이 수백 배나 증가하고 있는데, 중성자선과 X선이 서로 보완해 가면 더 새로운 것을 알 수 있게 될 것이다.

15장 중성자에 의한 투시 촬영

물보다도 철이나 납 쪽이 더 잘 들여다보인다

의학에서는 뼈나 이(齒)의 상태를 조사하는 데 X선을 주로 사용한다. 이것은 뼈나 이의 성분인 칼슘이 몸의 다른 조직에 비해서 원자번호가 높기 때문에 X선을 잘 흡수하거나 산란하여 앞쪽에 가는 양을 줄이고 그림자가 생기는 것을 이용한 것이다.

뼈나 이가 아니고 위(胃)나 담낭 검사에는 점토상(粘土狀)의 황산바륨이나 수용성 아이오딘을 함유하는 조영제(造影劑)가 쓰이는데, 이것도 바륨이나 아이오딘이 큰 원자번호의 원소인 것을 이용한 것이다. 이 X선 투시는 사람뿐만이 아니라 짐 검사에도 쓰인다는 것은 잘 알려진 일이다. 마찬가지 검사를 점광원에서 나오는 중성자를 써서 할 수도 있다. 이 경우에도 흡수나 산란 단면적이 클수록 그림자를 만들기 쉬운 것은 당연하다.

흡수 단면적 쪽은 거기서 중성자가 포획되기 때문에 그렇게 되는 것은 곧 알게 되는데, 산란 단면적이 크면 잘 산란하여 그림자가 될까 의문을 가지는 사람도 있겠지만, 이것도 그림자를 만든다. 이를테면 근시용 안경은 평행으로 들어온 빛을 더 퍼지게 하는 것처럼, 즉 산란에 얼마간 비슷하게 작용한다. 별이 비치는 지면에 이 오목 렌즈를 대면 안경을 댄 곳은 검은 그림자가 생기는 것과 같다고 생각하면 된다.

중성자를 사용하는 투시에서는 X선과는 달리 원자번호가 큰 것일수록 그림자가 생기기는 쉽지 않다. 흡수가 큰 물질은 카

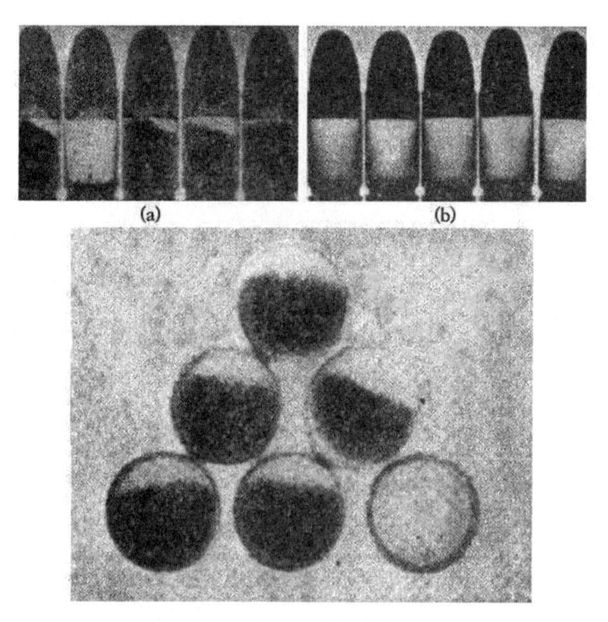

〈그림 52〉 중성자선과 X선으로 본 차이(G. Bacon 저서에서)

드뮴을 함유하는 재료를 필두로 하여 붕소나 다소 큰 것으로는 코발트나 염소 등이 있는데, X선에 대한 차폐의 왕자 납은 중성자에 대해서는 아주 투명하다. 또한 산란 단면적이 큰 것은 뭐니 뭐니 해도 수소를 함유하는 물질이므로 모든 수용물, 유기물은 상당히 강하게 또 쉽게 그림자를 만들 수 있고 말할 수 있다. 수소가 X선에게는 있어도 없는 것처럼 투명하다는 것을 생각하면 이 차이를 여러 가지로 유효하게 응용할 수 있다.

〈그림 52〉는 5개의 권총 탄환인데, 그중 1개는 속의 화약을 빼냈다. 그것을 중성자선으로 촬영한 경우인 (a)와 X선으로 촬영한 경우인 (b)를 비교한 것이다. 이 탄환은 겉으로 보아서는 속에 화약이 들어 있는지 없는지 모르며, 손바닥에 놓고 무게

차이로 느껴보려고 해도, 화약은 납 탄환이나 놋쇠 약협에 비하면 훨씬 가볍기 때문에 그것으로는 모른다. X선으로 투시하면 그림 (b)와 같이 모두 같게 보인다. 이것은 납이나 놋쇠에 비하면 유기물로 된 화약은 X선에게는 아주 투명에 가깝기 때문에 화약이라는 방해물이 있든 없든 구별이 되지 않는다. 그런데 중성자를 조사해 보면 납이나 놋쇠보다도 수소를 함유하는 화약 쪽이 훨씬 그림자를 만들기 쉽기 때문에 화약 유무를 금방 알 수 있고 얼마쯤 들어 있는가, 기울이면 어떻게 되는가까지 알 수 있다.

탄환을 바닥 쪽에서 보면 화약과 납이 겹치게 되는데, 그래도 납이 들여다보이기 때문에 화약 그림자가 뚜렷이 보인다.

이런 예는 열거하면 한이 없는데, 최근 영국의 하웰 원자력 연구소에서는 대규모적인 중성자 투시 카메라가 만들어져 실용면에서 활약하고 있다. 앞에서도 얘기한 것처럼 이 투시 사진만 찍는 것이라면 보통의 열중성자, 그것도 새삼스럽게 단색화하지 않아도 되는데, 단지 빛으로 말하는 평행 광선에 가까운 빔을 만들어 그 속에 피사체를 놓으면 된다.

그러나 이것만으로는 아무래도 일반적으로 아름다운 콘트라스트를 얻을 수 없다. 그것은 예를 들면 철은 물이나 기름과 같은 물체에 비하면 투과율(透過率)이 높은데, 파장 1Å 정도의 열중성자에서는 앞에서 얘기한 것처럼 브래그 산란이 일어나기 때문에, 가령 진짜 흡수는 없어도 투과도는 그다지 좋지 않다. 따라서 수소 함유 물질과의 차가 뚜렷이 나오기 어렵다. 어떻게 하면 되는가 하면, 그러기 위해서는 베릴륨의 필터(〈그림 11〉 참조)를 써서 장파장의 냉중성자만의 빔을 만들어 이것을

〈그림 53〉 냉중성자를 이용한 투시 사진 촬영, 관측실(영국 하웰 원자력연구소)

피사체에 쬐이면 되고, 이렇게 하면 철은 브래그 산란을 일으키지 않고 훨씬 투명하게 되므로 콘트라스트가 아주 좋아진다. 한편, 수소를 함유하는 물질에서는 냉중성자에 대해서도 비간섭성 산란이 강한 것에는 역시 변함이 없고 따라서 투과도는 여전히 나쁘다. 그렇다면 가급적 평행한 빔으로 하는 가장 간단한 방법은 중성자 출구로부터 훨씬 먼 곳에 피사체를 두는 것이다. 물론 그때 중성자 통로는 진공으로 하거나 공기를 산란이 적은 헬륨가스로 바꾸는 것이 좋다. 〈그림 53〉은 그 보기이며, 원자로에서 나온 굵은 파이프 속을 냉중성자가 나와서 관측실에 있는 피사체에 비쳐서 투사 사진을 찍는다. 이것을 '중성자 라디오그래피(Radiography)'라고 한다. 이 장치는 원자

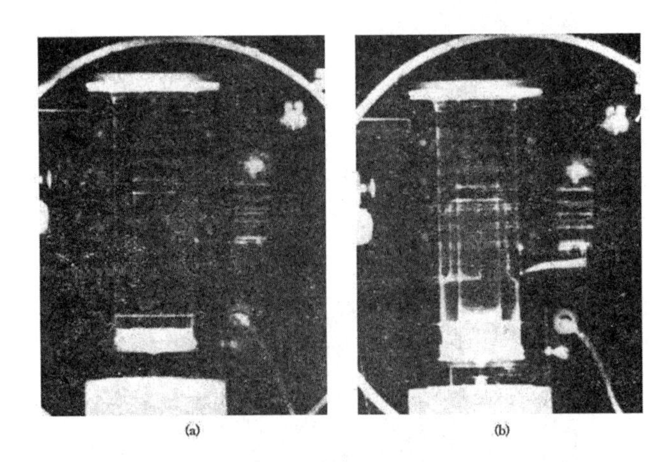

〈그림 54〉 기름 확산
(MPD/AERE, Harwell Oxfordshine Dec. 1978)

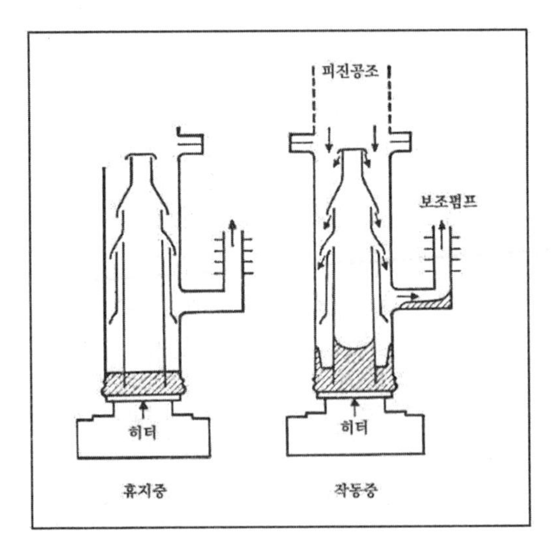

〈그림 54〉의 개념도

로에서 25m 떨어진 곳에 놓이고 지름 30㎝의 피사체를 좋은 평행 빔 속에 놓아 선명한 촬영을 할 수 있게 한 것이다.

〈그림 54〉에 실례를 보였다. 이것은 '기름 확산 펌프'라고 해서 높은 진공을 얻는데 가장 흔히 사용되는 진공 펌프이다. 그림의 굵은 통의 위 끝을 진공으로 하고 싶은 방에 연결한다. 통 밑에는 기름이 조금 들어 있고, 이것을 히터로 데워 끓게 하면 기름 증기가 삼중탑처럼 안쪽으로 올라가 그 지붕의 챙에 해당되는 곳에서 아래를 향해서 분출된다. 이때 진공으로 하고 싶은 방으로 가스를 몰아서 오른쪽 가지에 연결된 보조 펌프 쪽으로 흘러가면 여기에서 냉각되어-기름만은 원래대로 환류되는 구조로 되어 있다. 이 펌프는 철로 만들어졌기 때문에 밖에서 속 모습을 볼 수는 없다. 그러나 중성자를 사용하면 속의 기름 모습을 잘 알 수 있다. 그림의 왼쪽은 동작하고 있지 않을 때, 오른쪽은 히터가 들어가서 기름이 끓고 동작하고 있는 상태이다. 기름이 어느 근방에 많이 고여 환류하고 있는가를 알 수 있으므로 이러한 진단은 장치 개량에 좋은 지침이 될 것이다.

또한 증기 터빈이나 자동차 엔진 등의 동작 중에 증기나 기름이 금속 파이프 속에서 어떻게 잘 흐르고 있는가, 또는 비행기의 제트엔진의 터빈 날개에 내부 균열이 없는가 하는 것 등의 검사를 물건을 깨뜨리지 않고도 할 수 있다.

〈그림 55〉는 카메라의 렌즈 투시이다. 얼핏 보기에 이 카메라는 5개의 렌즈로 되어 있는 것 같은데, 잘 보면 실은 2개가 더 있어서 총 7개로 되어 있다는 것을 알게 된다. 7개 중 5개는 붕소(흡수가 크다)를 함유하는 유리로 되어 있기 때문이며,

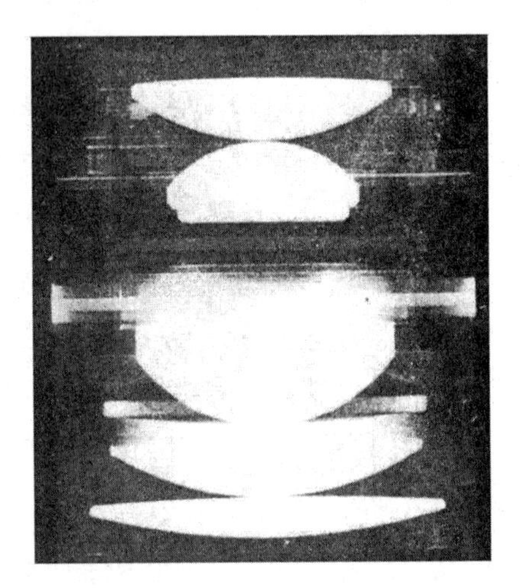

〈그림 55〉 카메라 렌즈의 투시
(MPD/AERE, Harwell Oxfordshire Dec. 1978)

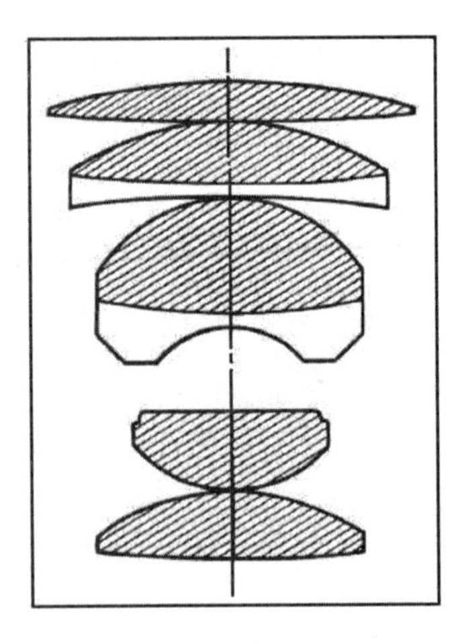

〈그림 55〉의 보족

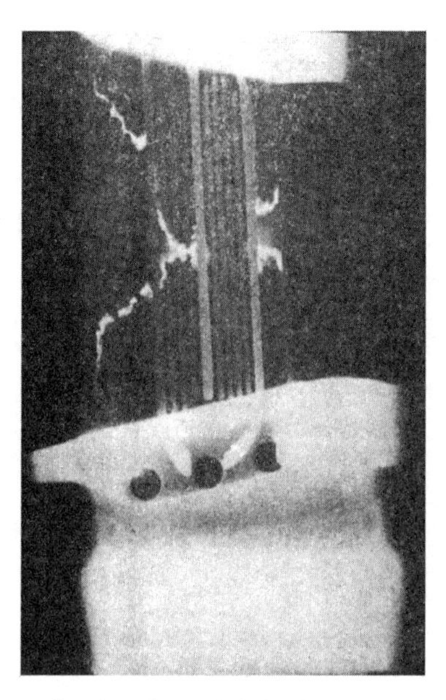

〈그림 56〉 비행기의 제트 엔진
(MPM/AERE, Harwell Oxfordshire Dec. 1978)

이렇게 하여 카메라를 부수지 않고도 내부의 렌즈 모양이나 재질에 대한 정보를 얻는다.

〈그림 56〉은 비행기의 제트 엔진이다. 원래 이 엔진은 주형(鑄型)에 합금을 부어서 만들고, 그 뒤에 주형으로 사용한 재료를 화학적으로 녹여서 떼어낸다. 이 엔진 날개 속에 이렇게 공기 통로를 만들어 냉각할 수 있게 되어 있다. 그런데 때로는 떼어냈어야 할 주형재가 공기 통로에 남아 있는 일이 있는데, 잘못하여 이런 엔진을 사용하면 큰 사고가 일어날 수 있다. 이 주형재 자체는 중성자에 대해서 그다지 불투명하지도 않으므로 보통 방법으로는 존재를 파악하기 어렵지만, 이것을 일단 가돌리늄염(흡수가 크다) 용액에 담가서 그 부분에 가돌리늄을 스며

들게 하면 이번에는 그림자가 잘 나온다.

사진 중앙에 번개 같은 자국이 보이는 것이 그런 주형재의 찌꺼기이다.

이 밖에도 아직 많은 응용례가 있을 것이다. 물질파라고 설명한 얼핏 보아서 아주 학문 세계에서만 있을 것 같은 일이 이미 선명한 사진으로 물질을 검사할 수 있는 실용적으로도 중요한 공헌을 하고 있는 보기로 중성자를 들었다.

16장 중성자 이런저런 얘기

이런저런 잡담

중성자의 응용에 대해서 여러 가지 얘기를 했는데 조금 전문적이 되어 어깨가 뻐근할 것이므로 이쯤에서 한숨 돌려 잡담을 즐기고 끝을 맺으려고 한다.

그러니 함께 홍차라도 마시면서 여러 가지 질문을 선생에게 하기로 하자.

학생 책머리에서도 말씀하신 것처럼 우리 아마추어들은 중성자라고 하면 아주 유해한 입자라고 생각하고 있었는데…. 실제로 원자폭탄이 폭발했을 때, 모두 중성자에 쬐여 죽었지 않습니까. 중성자 폭탄도 있고….

선생 유해한 것은 확실합니다. 그러나 그것도 양 나름입니다. 또한 중성자의 속도에 따르기도 합니다. 무서운 것은 원자핵 붕괴로 나온 직후의 굉장히 빠른 것입니다. 앞에서도 얘기한 것처럼, 이렇게 빠른 중성자는 많은 물질에는 그다지 흡수되지 않고 뚫고 나가서 체내로 깊이 들어가므로 더 무섭습니다. 그것은 빠른 중성자가 충돌하면 세포 속의 원자핵을 심하게 튕겨서 델리킷한 조직을 파괴하기 때문입니다. 이 책에서는 거의 언급하지 않았는데, 각종 재료에 이런 중성자를 충돌시켜 원자핵의 규칙적인 배열을 일부러 깨뜨려 재료 성질을 바꾸거나 모습을 조사하는 학문 분야도 있습니다. 우리가 실험에 많이 사용하는 열중성자는 양 나름이지만 그렇지는 않습니다. 잘못하여 중성자 빔 앞을 지나갔다고 해서 금방 건강에 해가 되는 것은 아닙니다. 그러나 시신경(視神經)은 약해서 절대로 빔 구멍을 들여다봐서는 안 된다고 합니다. 잘 알려진 뇌종양(腦腫瘍) 치료에는 열중성자가 날아오는 속에다 머리를 넣어둔다고 하니까요. 다만 이 경우에도 감마선(중성자가 나오는 곳에서는 이것도 나오는 일이 많다)만은 납이나 비스무트의 블록을 사용하여 차단해 둡니다.

학생 중성자 폭탄이란 어떤 것입니까?

선생 아는 분이 있으면, 제가 배웠으면 합니다. 그런 위험한 것이 만들어지면 곤란한데, 어쨌든 인마(人馬)를 살상할 만큼의 중성자를 일시로 낸다고 하면 역시 원폭 이외에는 생각하기 어렵고, 다만 그것을 기계적인 파괴력이 없는 규모나 상태로 사용하는 것이 아닌가 상상해 볼 수 있습니다. 만일 정말로 파괴력은 없지만, 엄청나게 강한 중성자선이 나온다고 하면 무기로서가 아니고 잘 차폐하여 연구를 위해서 쓸 수 있을지 모르겠지만 그런 얘기는 들은 일이 없습니다.

학생 중성자 폭탄에서 몸을 지키려면 어떻게 하는 것이 가장 좋을까요?

선생 그것은 아마 여러분이 다 알게 되었을 것입니다. 속도가 빠른 중성자는 투과력이 강하고 철이나 카드뮴으로 가려도 효과가 없습니다. 전차의 장갑을 뚫고 속으로 자꾸 들어가므로…. 그것이 중성자 폭탄의 위력이기도 합니다. 이 빠른 중성자를 느리게 하는 데는 수소를 많이 함유하는 것이 가장 좋고 느려진 중성자는 카드뮴으로 막을 수 있습니다. 따라서 파라핀과 같이 수소를 많이 함유하는 것으로 갑옷을 만들고 그 안쪽에 카드뮴을 바르면 좋을 것입니다. 지하호라든가 해저도 안전권이 될 것입니다. 불이 나면 물을 부어야 하고, 중성자 폭탄에서 살아나려면 물속으로 숨어야 하니 아무튼 물은 고마운 존재입니다.

학생 중성자의 기능이 얼마나 훌륭한 성과를 올리고 있는가는 이제까지의 얘기로 잘 알았습니다만, 중성자 자체의 성질은 아직 잘 모르는 일이 많습니까?

중성자의 내부 구조

선생 그렇습니다. 그러나 최근의 진보는 눈부신 바가 있습니다. 이 책에서는 이른바 중성자의 응용에 주안점을 두었으므로 중성자 자체의 얘기에는 깊이 들어가지 않았습니다. 왜냐하면 응용에 관한 한 중성자의 알맹이에 대한 자세한 지식은 우선 불필요하기 때문입니다. 나 자신도 그 방면에 관한 지식은 가지고 있지 않으니 더 자세히 알고 싶은 사람은 최근에 소립자의 참모습을 소개한 기사가 많이 나오고 있으니 그것을 보고 공부하십시오. 그러나 그것이 번거롭다는 사람을 위해서 조금 귀동냥한 것을 얘기해 보겠습니다.

실은, 중성자는 이제 소립자가 아니라는 것이 거의

확정되었습니다.

학생 예? 그러나 교과서에는 전자나 양성자나 중성자는 소립자(즉 물질을 구성하는 최소의 기본 단위)라고 쓰여 있었다고 생각합니다만?

선생 그전에는 그랬습니다. 그러나 연구가 진행되고 있는 현재에는, 예전에 막연하게 알고 있던 소립자에 대해서 놀랄 만큼 그 내부 구조가 많이 밝혀져 있습니다.

학생 어떤 내부 구조를 가지고 있습니까?

선생 소립자는 크게 나누어 '경입자(Lepton)'라고 부르는 비교적 가벼운 입자(예를 들면 전자나 중성미자)와 '강입자(Hadron)'라고 하는 무거운 입자(양성자, 중성자, π중간자 등)로 크게 나눠집니다.

강입자와 강입자 사이에는 강한 힘이라는 핵력(核力)이 작용하여, 예를 들면 중성자와 양성자가 강하게 결합하여 원자핵을 만들고 있습니다. 그런데 점차 가속기의 능력이 강대해짐에 따라 새로운 강입자가 차례차례로 발견되어 지금에는 200종을 넘게 되었습니다. 이렇게 되면, 그렇게 많은 소립자가 있다는 생각 자체가 부자연스러우며 뭔가 더 기본적인 입자로 '강입자'가 만들어져 있음에 틀림없다고 생각하는 것이 자연스럽습니다. 이것은 마치 산소나 수소나 철 등의 100종 이상에 이르는 원자가 양성자나 중성자나 전자 등 극히 소수의 기본 입자로 이루어지며, 단지 그 조합의 차이로 각 원소가 이루어져 있다는 생각과 비슷합니다.

학생 이번에는 어떤 기본 입자를 생각합니까?

선생 쿼크(Quark)라고 부르는 입자입니다. 즉 중성자도 양성자도 쿼크라는 기본 입자로 되어 있고, 이 작은 입자가 새로운 양자수를 가진다고 하면 수많은 강입자가 가진 성질을 아주 쉽게 이해할 수 있다는 것입니다.

학생 언제부터 그런 일을 알게 되셨습니까?

선생 1960년대에 들어와서 강력한 가속기에 의한 실험을 많이 할 수 있게 됨과 더불어 이론도 진보되어 1964년에 겔만(Murray Gell-Mann, 1929-2019)과 츠바이크(G. Zweig)가 쿼크 가설을 냈는데, 1960년대가 끝날 무렵에는 쿼크의 지위는 거의 확정적이 되고, 또 1974년쯤부터 최근에 걸쳐서는 소립자 물리학은 일신(一新)되어 통일적인 견해가 생긴 것 같습니다.

학생 새로운 양자수라고 하면 지금까지 교과서에 있는 것 같은 궤도 양자수라든가 스핀 양자수 따위와는 다른 것이 있습니까?

선생 그렇습니다. 쿼크에는 5개와 '플레이버(flavor)'라는 양자수, 즉 업(u), 다운(d), 스트레인지(s), 참(c), 보톰(b)〔실은 아직 발견되지 않았으나 톱(t)도 있다고 한다〕이라는 이름으로 구별되는 양자수가 있습니다. 그것이 쿼크족에 있어서 성(姓)과 같은 것으로 김 군 박 군이라 불러도 되는데 어떤 쿼크라도 이 여섯 가지 성 중에서 하나를 가지고 있다고 생각하면 됩니다(다만, 이것이 반입자, 즉 질량은 같지만 전하 그 밖의 특성이 반대인 상대는 있다).

그럼 양성자와 중성자의 차이는 이 쿼크의 조합 차이에 의한 것이며, 양성자는 uud, 즉 2개의 업과 1개의 다운의 쿼크로 되어 있습니다. U는 2/3의 전하를 가지고, d는 -1/3의 전하를 가지게 되므로 양성자는 합계 +1의 전하를 가집니다. 그런데 중성자는 ddu라는 식으로 2개의 다운과 업인 쿼크로 되어 있으므로 전하는 합계하면 0이 됩니다. 그 밖에 스핀 1/2을 가지는 것도 잘 설명됩니다.

학생 그렇군요. 그럼 그 쿼크란 것이 실험적으로 발견되어 있습니까?

선생 애석하게도 단독 형태의 쿼크는 발견되어 있지 않습니다. 자꾸 대형 가속기가 생겨 실험되고는 있지만….

학생 왜 대형 가속기를 사용하면 알 수 있는… 가능성이 있는 것입니까?

선생 앞에서 얘기한 예로 말하면, 예를 들면 입사 중성자의 속도가 느리면 파장은 길고, 그것을 크기가 작은 1개의 책에 충돌시키면 등방적(等方的)으로 산란되어 버려서, 즉 핵의 알맹이는 알 수 없습니다. 구상(球狀)의 생체 고분자 내의 구조를 알게 된 것은 구의 지름(약 100Å)에 비해서 중성자의 파장(약 ~4Å)이 짧았기 때문이며, 중성자파가 속에서 서로 간섭할 수 있게 되어, 그 결과 산란파가 각도 분포를 강하게 가지고 나왔기 때문이므로 반대로 그것이 실마리가 되어 알맹이를 알 수 있게 되었습니다. '강입자'와 같은 작은 입자의 알맹이까지 알려고 하면 몹시 가속되어 파장이 짧아진 입자선을 쬐일 필요가 있습니다. 또 그런 입자를 쬐면 강입자를 깨뜨림으로써 알게 될 가능성도 있습니다.

학생 왜 그렇게 발견하기 어려울까요?

선생 쿼크끼리의 결합이 엄청나게 강한 것이 한 원인이라고 생각됩니다, 그 연결 구실을 하고 있는 것이 '글루온(Gluon)'이라고 부르는 입자입니다. 쿼크는 다시 색(적, 청, 황의 3색)이라는 내부 양자수를 가지며 이것은 성에 대해서 이름이 있는 것과 같습니다.

이것도 그것들이 적색이나 황색으로 비치는 것이 아니고 철수라든가 영철이라고 사람을 구별하는 것과 같습니다. 다만 모처럼 색을 가진 쿼크도 엄청난 힘으로 갇혀 있으므로 밖에서 보면 언제나 무색으로 보이고, 가령 대개의 중입자는 적, 청, 황의 3색 쿼크가 거품 속에 갇혀 있는 것처럼 되어 있으므로 밖에서 보면 이 3색을 칠한 회전 원판이 백(회)색으로 보이는 것과 마찬가지로 무색으로 보입니다. 이 1개의 거품 속에 3개의 쿼크가 가둬져 있습니다.

학생 아, 색까지 나왔으므로 이제는 번거로우니 그쯤 해두시고…. 그러다가 쿼크도 다시 뭣으로 되어 있다고 하는 것이 아닐까요?

선생 이번이야말로 진짜 소립자라고 하는 사람이 있습니다. 그것은 불확정성 원리에 의거하는 얘기인데, 쿼크보다도 작은 입자는 우선 있을 수 없다고 생각되고 있습니다. '경입자'도 마찬가지입니다. 애석하게도 현재로서는 쿼크를 단독으로 꺼낼 수는 없다고 했는데, 중성자만으로 된 별의 중심부에서는 쿼크를 강입자 속에 가두고 있는 껍질이 깨져서 쿼크 집단으로 된 유체가 있을 것이라고 합니다.

중성자별

학생 '중성자별'이라는 것을 요즘 들어 가끔 듣게 되는데, 조금 얘기해 주십시오.

선생 이것에 대해서도 요즈음 많은 기사가 나오고 있으므로 아주 간단히 얘기하겠습니다.

가장 유명한 것은 은하계 내의 황소자리 근처에 있는 '게 성운' 중에 '펄서(Pulsar)'라고 부르는 X선을 규칙적으로 복사하고 있는 별입니다. 현재 이러한 '펄서'는 200개 이상이나 발견되었는데 대부분은 1초 이하의 주기이며, 더 짧은 것은 0.03초, 즉 1초간에 30회나 점멸하는 X선을 내고 있습니다. 이것이 대부분 중성자별이라고 합니다. 이 이상한 전파를 내는 별을 처음으로 찾아낸 것은 케임브리지 대학의 벨이라는 여자 대학원생이었다고 하는데, 다음 1968년에는 같은 대학에서 정식으로 새로운 전파를 내는 별로서 발표되었습니다. 그런데 이런 종류의 펄스 주기가 쿼크 시계 수준으로 정확했기 때문에(100일에서 1초의 오차 정도의 정밀도) 신문에서는 '우주인이 통신을 보내고 있다'고

기사를 썼던 것 같습니다만 실은 이것이 중성자만으로 되어 있는 무겁지만 아주 작은 별의 자선과 관계가 있다는 것이 밝혀졌습니다.

이 중성자별이 있을지도 모른다는 예언은 이미 1930년대에 있었는데 너무나 터무니없는 얘기였기 때문에 구체적으로 관측될 때까지 오랫동안 믿지 않았습니다.

학생 중성자만으로 된 별이 있는가 어떤가 아주 이해하기 어렵습니다만…….

선생 생성 원인은 태양보다도 무거운 별이 진화되어가는 끝의 모습에 있습니다. 그 질량이 너무 크면 결과적으로 블랙홀(Black Hole)이 되는데 이를테면 블랙홀로 가지 않았던, 일보 직전에 있는 별의 말로입니다.

그 이유는 가령 태양의 10배 정도의 질량을 가진 별이 있다고 합시다. 그것이 3000만 년쯤 지나면 핵융합으로 다 타서 철 덩어리가 되는데, 그때까지 자기 자신의 중력에 대항하여 펼치고 버티는 구실을 하고 있던 열진동은 에너지의 공급원이 없어지므로, 냉각되면 오그라들어 단번에 블랙홀이 될 것입니다. 만일 그 과정에서 에너지를 밖으로 내어 자기 질량이 줄면, 그리고 태양의 2배나 그 이하의 질량이 되면, 블랙홀로 말로를 더듬는 궁지에 빠지지 않아도 됩니다.

이것은 자기 중력에 의해서 가두어 두려고 하면 전자가 '페르미가스(Fennigas)라는 것으로부터 운동 에너지가 증가하고 그 때문에 수축하려는 힘에 대항해 주는 것입니다만, 그래도 수축력(중력)이 우월할 때는 이번에는 양성자가 전자를 품고 중성자가 되고 그 대상 에너지가 가까스로 무한 수축(블랙홀)에의 말로로부터 별을 구해줍니다.

이것이 중성자로만 된 중성자별입니다. 그 무게는 태양 수준인데도 크기는 10㎞쯤 되는 작은 별입니다. 이 별의 밀도는 엄청나서, 지구를 만들고 있는 흙이나 물은 1㏄로 1g 정도인데, 중성자별은 1㏄로 무려 1억 t에나 이릅니다. 지구의 자전이 1회전 24시간인데, 중성자별은 1초에 30회나 회전하는 것이 있으므로 지름이 작은 별이 아니면 일어날 수도 없습니다.

그러면 주기적으로 나오는 X선인데, 이것은 중성자별 표면에 있는 한 점(회전축 상이 아닌)에, 가령 X선 복사점에 있다고 합시다. 이것은 지구에 대해서 자전과 같은 주기로 점멸하는 X선 전파를 내게 될 것입니다. 이것은 마치 빙글빙글 도는 등대 빛이 멀리에서 보면 점멸되어 보이는 것과 같습니다.

학생 X선의 발생은 어떻게 한 점에서 일어납니까?

선생 중성자별은 작은 별인데, 뭐니 뭐니 해도 블랙홀이 되다만 별이므로 표면에 엄청난 중력장이 생기고 있습니다. 이러한 별이 만일 저밀도의(가스로 되어 있는 것 같은) 어미별의 위성으로 존재하면 어미별로부터 물질을 벗겨내어 안고 가는 그 과정에서 X선을 낸다고 합니다.

그 기구는 간단하게 말해서, 중성자별은 10^{13}G라는 엄청난 자기장을 내고 있으므로 지구 자기장의 1G 정도와는 비교도 안 될 만큼 강력한 것입니다(인공적으로 만들 수 있는 최고 자기장은 10^7G). 어미별에서 벗겨낸 가스는 그 전력선에 따라 자기극 쪽으로 빠져들어갑니다. 마치 자기력선의 깔때기 속에 들어가는 것처럼 말입니다. 이렇게 하여 깔때기의 잘록한 곳 근방에 오면 온도가 높은 스폿이 생겨서 거기에서 난류 가스핵이 X선을 냅니다.

이때, 중성자별의 자전축과 자기극은 지구인 경우도 그런데 일치되어 있지 않으므로 등대 모델처럼 점멸합니다.

학생 얘기를 들으니 여러 가지 생각나는 일이 있습니다. 중성자의 자기 모멘트는 전자의 그것의 2,000분의 1 정도로 도저히 철과 같은 강한 자기장을 내는 원인이 되지 않는다는 얘기였습니다만, 중성자별에서 1㏄ 중의 중성자 수가 터무니없이 많으면 서로 모여 강한 자기장을 낼 수 있겠지요.

또 중성자별 내부에서는 '강입자' 속에 가두는 울타리조차 무너져서 강입자 유체가 되어 있을 것 같습니다. 그리고 금세기 중성자 발견의 전야에 러더퍼드가 양성자와 전자가 강력하게 결합된 새로운 입자(중성자)가 있을 것이라고 예언한 것이 바로 일어나려 하고 있다고 생각됩니다만.

선생 중성미자가 추가되고 나서의 얘기인데, 대략 들어맞습니다.

학생 선생님 여러 가지 흥미 있는 얘기를 들려주셔서 고맙습니다.

선생 나도 재미있었습니다. 앞으로 젊은 여러분의 활약을 기대하겠습니다.

정체불명의 입자 중성자

그 참모습과 발견의 역사

초판 1쇄 1990년 07월 30일
개정 1쇄 2021년 04월 13일

지은이 히라카와 킨시로
옮긴이 한명수
펴낸이 손영일
펴낸곳 전파과학사
주소 서울시 서대문구 증가로 18, 204호
등록 1956. 7. 23. 등록 제10-89호
전화 (02) 333-8877(8855)
FAX (02) 334-8092
홈페이지 www.s-wave.co.kr
E-mail chonpa2@hanmail.net
공식블로그 http://blog.naver.com/siencia

ISBN 978-89-7044-960-9 (03420)
파본은 구입처에서 교환해 드립니다.
정가는 커버에 표시되어 있습니다.

도서목록

현대과학신서

A1 일반상대론의 물리적 기초
A2 아인슈타인 I
A3 아인슈타인 II
A4 미지의 세계로의 여행
A5 천재의 정신병리
A6 자석 이야기
A7 러더퍼드와 원자의 본질
A9 중력
A10 중국과학의 사상
A11 재미있는 물리실험
A12 물리학이란 무엇인가
A13 불교와 자연과학
A14 대륙은 움직인다
A15 대륙은 살아있다
A16 창조 공학
A17 분자생물학 입문 I
A18 물
A19 재미있는 물리학 I
A20 재미있는 물리학 II
A21 우리가 처음은 아니다
A22 바이러스의 세계
A23 탐구학습 과학실험
A24 과학사의 뒷얘기 1
A25 과학사의 뒷얘기 2
A26 과학사의 뒷얘기 3
A27 과학사의 뒷얘기 4
A28 공간의 역사
A29 물리학을 뒤흔든 30년
A30 별의 물리
A31 신소재 혁명
A32 현대과학의 기독교적 이해
A33 서양과학사
A34 생명의 뿌리
A35 물리학사
A36 자기개발법
A37 양자전자공학
A38 과학 재능의 교육
A39 마찰 이야기
A40 지질학, 지구사 그리고 인류
A41 레이저 이야기
A42 생명의 기원
A43 공기의 탐구
A44 바이오 센서
A45 동물의 사회행동
A46 아이작 뉴턴
A47 생물학사
A48 레이저와 홀러그러피
A49 처음 3분간
A50 종교와 과학
A51 물리철학
A52 화학과 범죄
A53 수학의 약점
A54 생명이란 무엇인가
A55 양자역학의 세계상
A56 일본인과 근대과학
A57 호르몬
A58 생활 속의 화학
A59 셈과 사람과 컴퓨터
A60 우리가 먹는 화학물질
A61 물리법칙의 특성
A62 진화
A63 아시모프의 천문학 입문
A64 잃어버린 장
A65 별· 은하 우주

도서목록

BLUE BACKS

1. 광합성의 세계
2. 원자핵의 세계
3. 맥스웰의 도깨비
4. 원소란 무엇인가
5. 4차원의 세계
6. 우주란 무엇인가
7. 지구란 무엇인가
8. 새로운 생물학(품절)
9. 마이컴의 제작법(절판)
10. 과학사의 새로운 관점
11. 생명의 물리학(품절)
12. 인류가 나타난 날 I(품절)
13. 인류가 나타난 날 II(품절)
14. 잠이란 무엇인가
15. 양자역학의 세계
16. 생명합성에의 길(품절)
17. 상대론적 우주론
18. 신체의 소사전
19. 생명의 탄생(품절)
20. 인간 영양학(절판)
21. 식물의 병(절판)
22. 물성물리학의 세계
23. 물리학의 재발견〈상〉
24. 생명을 만드는 물질
25. 물이란 무엇인가(품절)
26. 촉매란 무엇인가(품절)
27. 기계의 재발견
28. 공간학에의 초대(품절)
29. 행성과 생명(품절)
30. 구급의학 입문(절판)
31. 물리학의 재발견〈하〉
32. 열 번째 행성
33. 수의 장난감상자
34. 전파기술에의 초대
35. 유전독물
36. 인터페론이란 무엇인가
37. 쿼크
38. 전파기술입문
39. 유전자에 관한 50가지 기초지식
40. 4차원 문답
41. 과학적 트레이닝(절판)
42. 소립자론의 세계
43. 쉬운 역학 교실(품절)
44. 전자기파란 무엇인가
45. 초광속입자 타키온
46. 파인 세라믹스
47. 아인슈타인의 생애
48. 식물의 섹스
49. 바이오 테크놀러지
50. 새로운 화학
51. 나는 전자이다
52. 분자생물학 입문
53. 유전자가 말하는 생명의 모습
54. 분체의 과학(품절)
55. 섹스 사이언스
56. 교실에서 못 배우는 식물이야기(품절)
57. 화학이 좋아지는 책
58. 유기화학이 좋아지는 책
59. 노화는 왜 일어나는가
60. 리더십의 과학(절판)
61. DNA학 입문
62. 아몰퍼스
63. 안테나의 과학
64. 방정식의 이해와 해법
65. 단백질이란 무엇인가
66. 자석의 ABC
67. 물리학의 ABC
68. 천체관측 가이드(품절)
69. 노벨상으로 말하는 20세기 물리학
70. 지능이란 무엇인가
71. 과학자와 기독교(품절)
72. 알기 쉬운 양자론
73. 전자기학의 ABC
74. 세포의 사회(품절)
75. 산수 100가지 난문·기문
76. 반물질의 세계
77. 생체막이란 무엇인가(품절)
78. 빛으로 말하는 현대물리학
79. 소사전·미생물의 수첩(품절)
80. 새로운 유기화학(품절)
81. 중성자 물리의 세계
82. 초고진공이 여는 세계
83. 프랑스 혁명과 수학자들
84. 초전도란 무엇인가
85. 괴담의 과학(품절)
86. 전파는 위험하지 않은가
87. 과학자는 왜 선취권을 노리는가?
88. 플라스마의 세계
89. 머리가 좋아지는 영양학
90. 수학 질문 상자

91. 컴퓨터 그래픽의 세계
92. 퍼스컴 통계학 입문
93. OS/2로의 초대
94. 분리의 과학
95. 바다 야채
96. 잃어버린 세계·과학의 여행
97. 식물 바이오 테크놀러지
98. 새로운 양자생물학(품절)
99. 꿈의 신소재·기능성 고분자
100. 바이오 테크놀러지 용어사전
101. Quick C 첫걸음
102. 지식공학 입문
103. 퍼스컴으로 즐기는 수학
104. PC통신 입문
105. RNA 이야기
106. 인공지능의 ABC
107. 진화론이 변하고 있다
108. 지구의 수호신·성층권 오존
109. MS-Window란 무엇인가
110. 오답으로부터 배운다
111. PC C언어 입문
112. 시간의 불가사의
113. 뇌사란 무엇인가?
114. 세라믹 센서
115. PC LAN은 무엇인가?
116. 생물물리의 최전선
117. 사람은 방사선에 왜 약한가?
118. 신기한 화학 매직
119. 모터를 알기 쉽게 배운다
120. 상대론의 ABC
121. 수학기피증의 진찰실
122. 방사능을 생각한다
123. 조리요령의 과학
124. 앞을 내다보는 통계학
125. 원주율 π의 불가사의
126. 마취의 과학
127. 양자우주를 엿보다
128. 카오스와 프랙털
129. 뇌 100가지 새로운 지식
130. 만화수학 소사전
131. 화학사 상식을 다시보다
132. 17억 년 전의 원자로
133. 다리의 모든 것
134. 식물의 생명상
135. 수학 아직 이러한 것을 모른다
136. 우리 주변의 화학물질
137. 교실에서 가르쳐주지 않는 지구이야기
138. 죽음을 초월하는 마음의 과학
139. 화학 재치문답
140. 공룡은 어떤 생물이었나
141. 시세를 연구한다
142. 스트레스와 면역
143. 나는 효소이다
144. 이기적인 유전자란 무엇인가
145. 인재는 불량사원에서 찾아라
146. 기능성 식품의 경이
147. 바이오 식품의 경이
148. 몸 속의 원소 여행
149. 궁극의 가속기 SSC와 21세기 물리학
150. 지구환경의 참과 거짓
151. 중성미자 천문학
152. 제2의 지구란 있는가
153. 아이는 이처럼 지쳐 있다
154. 중국의학에서 본 병 아닌 병
155. 화학이 만든 놀라운 기능재료
156. 수학 퍼즐 랜드
157. PC로 도전하는 원주율
158. 대인 관계의 심리학
159. PC로 즐기는 물리 시뮬레이션
160. 대인관계의 심리학
161. 화학반응은 왜 일어나는가
162. 한방의 과학
163. 초능력과 기의 수수께끼에 도전한다
164. 과학·재미있는 질문 상자
165. 컴퓨터 바이러스
166. 산수 100가지 난문·기문 3
167. 속산 100의 테크닉
168. 에너지로 말하는 현대 물리학
169. 전철 안에서도 할 수 있는 정보처리
170. 슈퍼파워 효소의 경이
171. 화학 오답집
172. 태양전지를 익숙하게 다룬다
173. 무리수의 불가사의
174. 과일의 박물학
175. 응용초전도
176. 무한의 불가사의
177. 전기란 무엇인가
178. 0의 불가사의
179. 솔리톤이란 무엇인가?
180. 여자의 뇌·남자의 뇌
181. 심장병을 예방하자